中国建筑工业出版社

图书在版编目（CIP）数据

苏州师俭堂 江南传统商贾名宅／刘延华，黄松编著．北京：中国建筑工业出版社，2006
ISBN 7-112-08696-5

Ⅰ.苏... Ⅱ.①刘... ②黄... Ⅲ.①民居－古建筑－简介－吴江市 ②民居－古建筑－修复 Ⅳ.TU-87

中国版本图书馆 CIP 数据核字（2006）第 133153 号

责任编辑：郑淮兵
责任设计：赵 力
责任校对：张树梅 关 键

苏州师俭堂
江南传统商贾名宅
刘延华 黄 松 编著
*
中国建筑工业出版社出版、发行（北京西郊百万庄）
新 华 书 店 经 销
北京嘉泰利德公司制版
北京方嘉彩色印刷有限责任公司印刷
*
开本：787 × 1092 毫米 1/16 印张：$9^3/4$ 插页：1 字数：200 千字
2006 年 12 月第一版 2006 年 12 月第一次印刷
印数：1-2000 册 定价：55.00 元
ISBN 7-112-08696-5
（15360）

本社网址：http://www.cabp.com.cn
网上书店：http://www.china-building.com.cn

本书编委会

序　一

中国地大物博，常常不经意间又在某处发现一件稀世珍宝，师俭堂便是一例。

早就听同行们不止一次地说，江苏省吴江市有个古色古香的震泽镇，震泽镇里有条令人流连忘返的宝塔街，宝塔街上有处号称“江南大宅门”的师俭堂，其建筑与工艺之精美，堪称江南一绝。百闻不如一见，我总想找机缘亲临其境。后来，当地有关部门准备实施修缮与保护工作，并热诚邀请我前往实地考察。这正合我的心意，因为我一贯有一个主张，文物工作千头万绪，归纳起来不外两个字，就是“保”和“用”。文物工作的“保”和“用”，两者是相辅相成、互相促进的，只有保护得好，才能更好地发挥作用；同样也只有更好地发挥了作用，才能使文物得到更好的保护，这是科学精神与人文精神相统一的辩证关系。

“师俭堂”课题组的同行，其人、其事、其志愿，与我不谋而合，这样的机缘真有些“踏破铁鞋无觅处，得来全不费功夫”。于是乎，我便既有了去江苏省吴江市亲身体验其巧夺天工之建筑艺术美感的由头，又有了能够去体察同行们是如何在文物建筑保护中正确处理保护与利用的辩证关系的机会。此乃一举两得，何乐而不为呢？

2005年4月的一天，我和东南大学的陈薇教授应邀抵达震泽镇，来到“江南大宅门”的师俭堂面前。课题组的同行向我们介绍了师俭堂保护修缮、国保申报工作的进展情况，并了解震泽镇位于江苏省吴江市西南部，与浙江省毗邻，古称“吴头越尾”，是吴江市的“西大门”，东距上海90km，北至苏州54km，西达湖州45km，“318”国道、京杭大运河穿梭而遇，水陆交通十分便利。据史料记载，震泽镇是江苏省历史文化名镇，已有3000年的历史。宋绍兴年间即已设镇，名胜古迹众多。古桥、古塔、古寺、古庙、古宅等遗构，悉数可见。震泽有八大景观，即：慈云夕照、飞阁风帆、复古桃源、虹桥晚眺、张墩怀古、普济钟声、康庄别墅、范蠡钓台，可称得上是历史悠久，文化内涵丰富，全国少有的历史文化名镇。在众多的历史文化古迹中，最为古老、最具影响的莫过于慈云寺塔、师俭堂、王锡阐墓等，而师俭堂又是最为显赫的一处。

师俭堂位于震泽镇宝塔街西端，始建于清道光年间（公元1821—1850年），重建于清同治三年（公元1864年），占地2700余平方米，总建筑面积3700余平方米，大小房屋150余间。原三面临水，一面临街。它以宝塔街为界，分路南路北两部分，为一个集河埠、行栈、商铺、街道、厅堂、内宅、花园、下房于一体的江南民居古建筑群。师俭堂地理位置独特、中轴布局规整、整体建筑精美，街中建宅、宅内含街。师俭堂系震泽镇望族徐氏家族的堂名，道光年间，徐氏为镇上首富，家族世代经营丝业、米业，兼营房地产，其产业遍及全镇，号称“徐半镇”。咸丰十年（公元1860年）师俭堂毁于“庚申兵燹”，“椽瓦无存”。同治三年（公元1864年），徐寅阶在其旧宅基上重建师俭堂，即现存的规模。师俭堂是晚清时期江南的优秀建筑群，也是具有典型特征的古代商贾住宅，更是反映江南工商绅士“行商坐贾”[1]的颇具时代和地方特色的代表性建筑。其历史、科学、艺术价值以及所传承的历史文脉与信史之充盈，叹为观止；2006年5月，国务院公布为全国重点文物保护单位，这将成为吴江市申报震泽镇为中国历史文化名镇的有利前提。

“师俭堂”课题组的同行们历经数载，不辞辛劳地投身于师俭堂保护、修缮、研究工作，使其“整旧如旧”，更显历史之风韵，这当中所沉淀的历史意蕴与创新意识是功德无量的。

是为序言。

羅哲文

国家文物局古建筑专家组组长

序　二

“师俭”二字源出于《史记·萧相国世家》：“后世贤，师吾俭；不贤，毋为势家所夺。”其义不仅反映了主人勤俭持家、谨慎经营的态度，也点出了整个师俭堂的格调和品位。徜徉于斯宅，处处能感受到“俭而不俗，华而不奢”的韵味。重建于清同治三年（公元1864年）的师俭堂，与江南其他早期的古民居相比，其年代并非久远，但能入选第六批全国重点文物保护单位，自有其颇为独特的传承价值。

首先，由于师俭堂所处的震泽镇，位于“吴头越尾”的江浙交汇之地，两种不同的建筑营造方式在师俭堂的院落、屋架及雕刻装饰中被完美地结合在一起。主人徐汝福（寅阶）曾寓居开埠后的上海，当时已逐渐形成的海派风尚，也通过各类新材料的运用，以及家具、陈设等得以体现。此为师俭堂建筑风格之独特。

其次，师俭堂中轴线建筑规整，前后六进，均为五开间，总开间误差小于5cm。功能上为河埠、行栈、商铺、街道、厅堂、内宅、花园、下房集于一体的建筑群落。沿市河岸边设米行和货栈，其规模为当时全镇之首。利用“穿宅而过”的宝塔街，拓展其两侧的商业空间，更是将江南传统民居中前店后宅的模式发挥到极致。此为师俭堂建筑功能之独特。

其三，原有的师俭堂三面环水，功用不同的六个码头贴水而建，受河道和周边建筑的限制，南北轴线因地制宜地偏东43°，使东南的主导风向得以贯穿整个宅院。主轴上各院落由前至后45cm的高差，有利于采光和排水问题的解决。此为师俭堂建筑布局之独特。

其四，与江南其他大型宅第相比，师俭堂是以六进的中轴为主的建筑，以及东西两侧的小花园和下房，规模并非巨大，但其建筑的类型却很丰富，不仅有敞厅、楼厅、花厅、四面厅，还有木雕门楼、走马楼、更楼等，屋顶包括硬山、歇山、卷棚、攒尖、廊庑等不一而足。此为师俭堂建筑类型之独特。

其五，师俭堂的雕刻装饰也引人瞩目。包括了几乎所有的传统样式，如木雕、磨砖、泥塑、石刻、漆刻等。装饰手法不拘一格，如混雕、剔地雕、镂雕、线刻等。所用题材丰富，戏曲人物故事、花鸟虫鱼、吉祥图案等等，根据不同的部位灵活发挥。难能可贵的是，由于运用得当，这些雕刻并无繁琐堆砌之嫌。此为师俭堂建筑装饰之独特。

最后，值得一书的是师俭堂的锄经园。这个占地仅半亩有余的袖珍园林，比苏州最小的残粒园大一点，但却在三角形的夹缝地带，有机地布置了花厅、楼阁、假山、亭子、曲廊等元素，而“利用假山之起伏，平地之低降，两者对比，无水而有池意”的造园手法更是鲜见。此为师俭堂建筑环境之独特。

正是拥有上述特别之处，师俭堂才能在众多的江南古宅院中显得独树一帜。此外，由于其建成时，清代的五口通商已20年，受对外贸易的刺激，许多农耕时代的社会结构正发生着深刻的变化。而师俭堂作为这个特殊阶段的文化载体，也因此具有了重要的文史价值。许多当时的社会生活，特别是我国江南地区资本主义萌芽阶段的商业形态，通过师俭堂的建筑布局和使用功能得以体现。

为了更好地保护这一处珍贵的文化遗产，由江苏省计划委员会、文化厅，吴江市建设局、震泽镇政府共同出资，在吴江市文物部门的业务指导下，对师俭堂进行修缮，并完成复原陈列。该工程分二期施工，历时近三年，投资近千万元，于2004年4月全面竣工。自此，在经历了百余年的历史沧桑后，师俭堂再次以符合时代发展要求的姿态展现在世人面前。

为了研究师俭堂的建筑特色、雕刻装饰艺术、文化内涵以及保护修缮工作，2002年，省文化厅将《师俭堂的建筑特点及雕饰艺术》列为“2002年江苏省文物科研立项课题”。次年，该项目列入吴江市2003年度社会发展项目。课题组的同志们以传统民居师俭堂的保护与利用作为切入点，挖掘其内在的建筑历史文化价值，探究建筑的地域特色，使其为促进当地经济社会文化发展服务。

全书分七章，包括120幅图片及各类图纸40版，是江苏省第一本系统、完整地记载传统江南商贾民居的保护、修缮、人文史料信息的书籍。我从事文物保护事业50年，为本书的正式出版感到非常欣慰，因为有这么一批后来人，抱着坚定的信念，认真的工作态度，继续着我们的文化遗产保护事业，故抒此感言，以为序。

戚法耀

江苏省古建筑保护专家组专家

目　录

序一／罗哲文

序二／戚德耀

第一章　研究师俭堂的目的与方法 …… 001

第二章　师俭堂研究的内容 …… 002

第一节　震泽的地域特点 …… 002

第二节　徐氏家族沿革 …… 003

一、师俭堂的堂名考 …… 003

二、徐氏家族史迹 …… 004

三、徐氏家族的儒商特点 …… 004

第三节　建筑年代考 …… 005

第四节　师俭堂历史沿革 …… 007

一、师俭堂宅基范围 …… 007

二、师俭堂沿革 …… 010

第五节　师俭堂的建筑特点 …… 012

一、临水选址占据商业黄金地段 …… 012

二、自由灵活的建筑布局与强调主轴的规整相结合 …… 014

三、大木构架突出地域特点 …… 028

四、技防与人防相结合的安防体系 …… 030

五、"四水归堂"的排水方式与独特的防潮工艺有机结合 …… 033

六、装饰手法的多样性与施工工艺的兼容性有机结合 …… 034

第三章　师俭堂的启示 …… 056

第一节　强调商用，注重功能的布局定位 …… 056

第二节　张扬显露，追逐潮流的装饰风格 …… 056

第三节　人神共居，求财祈福的环境意象 …… 056

第四节　中西合璧，多元兼容的建筑文化 …… 057

師儉堂

第四章 师俭堂的价值与修缮过程 …… 059
第一节 江南商贾文化遗产的典型代表 …… 059
第二节 师俭堂的修缮是震泽古镇保护的重要支点 …… 059
第三节 师俭堂是我国社会转型时期经济发展的见证 …… 059
第四节 修缮师俭堂的主要过程 …… 060

第五章 师俭堂修缮前的残损调查与相关定位 …… 061
第一节 师俭堂修缮前使用情况 …… 061
第二节 师俭堂修缮前残损状况 …… 061
一、修缮前中轴状况 …… 062
二、修缮前东轴状况 …… 067
三、修缮前西轴状况 …… 070
第三节 残损原因分析 …… 074
第四节 修缮工作所面临的主要问题 …… 075
一、原有的承重体系无法满足使用功能的需要 …… 075
二、部分精华建筑已经损毁 …… 075
三、一些传统建筑材料的加工工艺失传 …… 075

第六章 师俭堂修缮工程方案 …… 076
第一节 修缮原则、设计依据与修缮范围 …… 076
一、修缮原则 …… 076
二、修缮的设计依据与修缮范围 …… 076
第二节 师俭堂的修缮项目 …… 077
一、地面与楼板 …… 077
二、屋架与斜撑 …… 077
三、门楼与门窗 …… 077
四、墙体 …… 078
五、屋面 …… 078
六、粉刷与油漆 …… 078
七、给排水、照明与消防 …… 078
八、防腐防白蚁及其他 …… 079
第三节 师俭堂修缮施工说明 …… 079
一、施工指导思想与工程质量目标 …… 079

二、现场施工条件与材料供应方法 …… 079
三、结构形式与装饰做法 …… 079
四、修缮施工顺序与工期 …… 080
第四节　施工方法 …… 081
一、定位放线与施工测量 …… 081
二、木结构工程 …… 081
三、砖细工程 …… 086
四、地面工程 …… 087
五、屋面工程 …… 088
六、装饰与其他工程 …… 088
第五节　质量保证体系 …… 089
一、技术复核、隐蔽工程验收制度 …… 089
二、技术、质量交底制度 …… 090
第六节　本次修缮后的遗留问题 …… 091

第七章　部分修缮施工图 …… 092

附录一　震泽徐氏足迹 …… 121
附录二　师俭堂雕刻内容统计表 …… 124
附录三　师俭堂残损情况调查表 …… 130
附录四　师俭堂修缮工程资金使用情况汇总表 …… 137
附录五　江苏省文化厅文物局有关批复文件 …… 139
后记 …… 141

参考文献 …… 143

第一章 研究师俭堂的目的与方法

文化遗产保护、地域特色，是国家、地区文明程度的重要标志，世界各地纷纷以自身历史文化遗产特色作为独特资源加以宣传利用。富有特色的地域建筑和聚落形态，展示着地域的历史文化品质、价值取向和自然情调，是所在地域最显著、最具有代表性的人文景观。本书以传统民居建筑——师俭堂的保护与利用作为切入点，挖掘其内在的建筑历史、文化价值，使其为促进当地经济社会文化发展服务（图1–1–1）。

运用行为科学的研究方法，通过实地测绘、修缮方案的设计、修缮过程中的跟踪调查，从建筑学、社会学、民俗文化等多方面，对传统民居师俭堂进行研究，揭示人的心理行为与建筑环境之间的联系与互动关系。同时，运用心理学、美学等理论，对师俭堂的建筑特点与雕刻装饰艺术进行分析，加深对其所体现的传统精神、传统意匠、传统形式等的认识，以及对其装饰手法相互关系的理解。

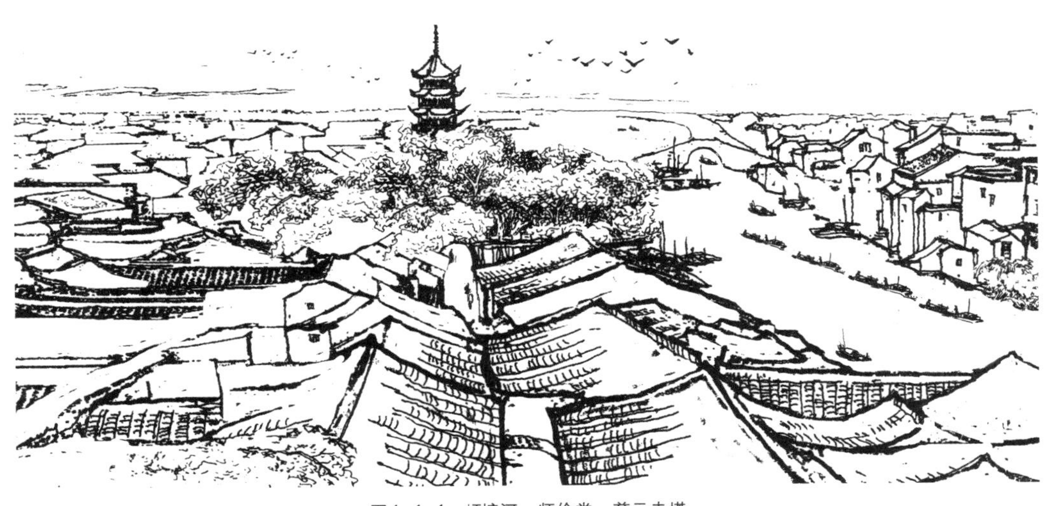

图1–1–1 頔塘河 · 师俭堂 · 慈云寺塔

第二章　师俭堂研究的内容

第一节　震泽的地域特点

《吴江县志》(1994版）载:“震泽镇位于吴江县西南部，距县城30.5km。震泽是太湖的古称，因镇近太湖遂以震泽称之，宋绍兴间（1131—1162年）设镇，是历代震泽巡检司署驻地。”清乾隆（1736—1795年）初，震泽的丝市兴起，有丝行埭之称。清中期，依托临近太湖与京杭大运河支流——頔塘河 [图2-1-1]，震泽的蚕丝业迅猛发展，带动了全镇商业的繁荣，震泽丝市和盛泽绸市、同里米市名声鹊起 [图2-1-2]。民国时期，震泽成为吴江西南部丝业、粮油业和山地货业的集散中心。“20世纪80年代，费孝通先生把吴江县内的小城镇作了分类，界定震泽镇是农副产品集散地，是闻名的‘商贾中心’”[2]。“因水成市、枕河而居”，古镇区依托頔塘河“形成一河两街、一街两岸”[3]的典型江南商业街区格局。

图2-1-1　航船穿行如梭的頔塘河

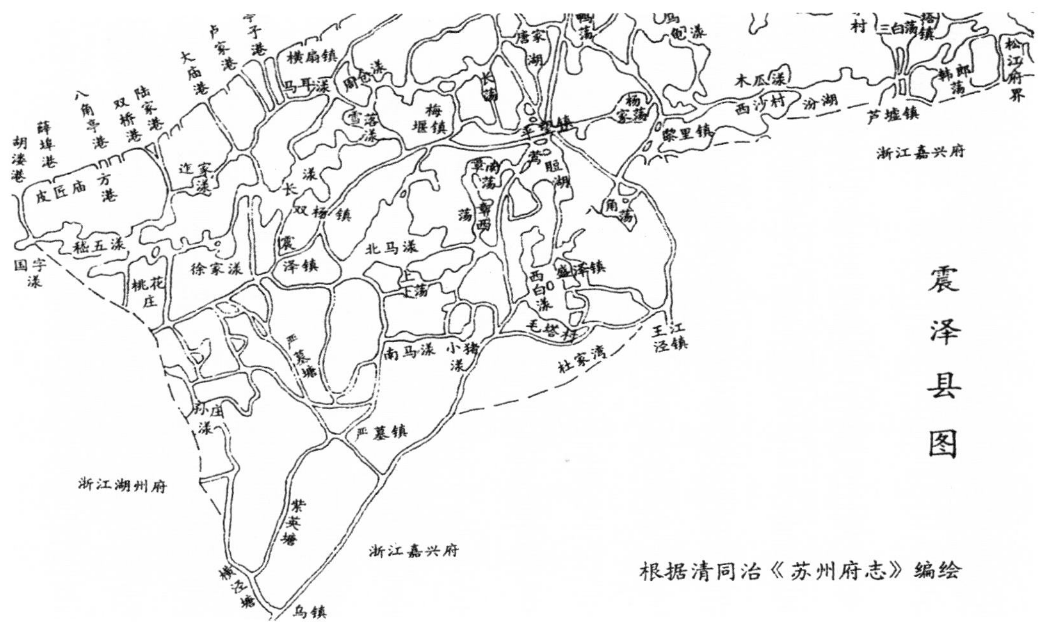

图 2—1—2　震泽县图

第二节　徐氏家族沿革

一、师俭堂的堂名考

“师俭”二字源出于《史记·萧相国世家》:“后世贤，师吾俭；不贤，毋为势家所夺。”在俞樾撰写的《徐汝福墓志铭》中记载:“徐氏虽然富有”，但其对于“苏杭诸巨室，独承平旧俗，繁富移够，以奢靡相高”深不以为然，说“燕巢幕上而以为安，不亦慎乎”，乃务必节俭。据清道光《震泽镇志》卷首刊登，捐资姓氏栏的榜首为“师俭堂徐”［图2—2—1］。咸丰十年（1860年）师俭堂毁于兵燹，徐氏家族寓居上海。同治年间，徐汝福

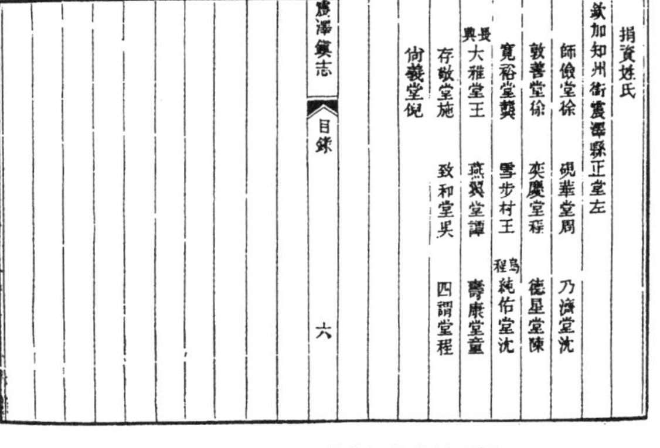
捐資姓氏

欽加知州銜震澤縣正堂左

師儉堂徐　硯華堂周　乃濟堂沈

敦善堂徐　奕慶堂[illegible]　德星堂陳

寬裕堂龔　雪步村王　烏程 純佑堂沈

長興 大雅堂王　燕翼堂譚　壽康堂童

存敬堂施　致和堂吳　四謂堂程

尚義堂倪

震澤鎮志　目錄　六

图 2—2—1　《震泽镇志》捐资姓氏栏

(寅阶)重建宅第时，沿用师俭堂之名，表示其“遵法节俭”。

二、徐氏家族史迹

徐氏先祖为徐偃王之后，明代，偃王之后徐旷，自淮渡江迁入江南，十传至徐永昭，开始定居震泽镇。徐氏第三代徐学健，字邦闻，国学生，以捐赈议叙州吏目。清道光纪磊、沈眉寿《震泽镇志·节义》(卷九）载：“轻财好义，抚兄子如所生。族人不能婚嫁者，出资以助。遇里中公事，率为先倡。道光三年，大水，淹田庐，厝棺尽浮去。学健闻而悯之，乃集同志，雇人捞救，得数千具，悉葬于乌程之小梅山。事竣，计縻千金不惜也。他如建义塾，修桥梁，出粟助赈，收养弃婴，皆为人所难。”

徐氏第五代徐汝福（1838–1875年），字备五，号寅阶。清同治朝，封赠礼部郎中。同治元年(1862年)，江苏巡抚李鸿章驻上海，“闻君之才，檄办理抚恤事宜”。期间，他为战时善后救济紧急筹款，与同乡施少钦等商议，在上海成立“兴仁会”，筹集白银一万几千两，汇到震泽，按大人二元、幼者一元救济贫困乡民。“寅阶在道光中已议叙光禄寺署正，后以筹饷功，得候选同知，赏蓝翎。又以善后事竣，易花翎改授郎中，加五级晋二品。并诰封祖父母及父母。同治十二年祖父徐学健（邦闻），父亲徐荣森（湘波）同时诰封通奉大夫。”[4]民国年间，俞樾在《春在堂楹联录存》中记载：“徐寅阶曾举义兵卫乡里，乱后又勷办善后之事。”

徐氏第七代徐聿廷，字奎伯，号沧粟。光绪十一年乙酉科（1885年）举人。继承祖业经商，主管恒懋昶丝经行。所产“辑里丝经”注册商标“金洋钿”，远销欧美，1919年在上海举办的工商部中华国货展览会上荣获一等奖。

三、徐氏家族的儒商特点

震泽地处江南水乡，与浙江湖州南浔毗邻，南浔在明清时期“是全国五大丝市之一，更是全国最大的蚕丝集散地。清代，南浔‘镇人大半衣食于此，近年（咸丰、同治时期）士人难于谋生，亦多习丝业矣’，‘列肆购丝谓之丝行，商贾骈坒，贸丝者群趋焉，谓之新丝市’，丝行有‘招接广东商人载往上海与夷商交易’的广行（客行)、‘专买乡丝’的乡丝行、‘买经造经’的经行、‘小行买之以饷大行’的划庄，丝行荟集以致形成丝行埭”。[5]这里的“丝商具有与徽商、晋商等不同的自身地域特征。徽商、晋商是为生计出门做生意，丝商多半应接不暇于前来作贩卖的外地商旅”[6],客观上形成丝商以坐商经营地产商品为主的特点。

道光年间，震泽已成为生丝的重要产地，徐氏家族靠“漂洋”起家，以后经营“恒懋昶丝经行”、“大顺米行”，同治元年（1862年）在上海开办贸易商行，具有行商坐贾的特点。这时期，徐氏家族已经成为镇上首富。因此，当地有“辑雅堂的房子，周坊元的儿子，徐寅阶的银子”的民谚流传。

徐氏家族具有鲜明的儒商的特点，这种儒商气质体现在对待财富的观念、“信”、“义”伦理精神等方面。“义”表现为具有浓重的乡土情结。咸丰十年（1860年），农历六月十一日（公历7月28日），兵燹之灾殃及全镇。徐汝福为保卫乡里出资组织团练，并向湖州府的团防总理赵景贤求救，赵答复徐“出境之师虑饷不继”。他就将自己所有的储蓄作兵饷，赵率师来震泽，一直攻往平望。战乱后的同治三年（1864年），震泽的质库行业停顿，镇上原有的私人典当行全部被毁。当时，蚕农们眼看着蚕宝宝一天天长大，却已无力购置桑叶以饲。他率先出资首倡由公众集资办典当行，以低息质贷方式，周济乡民，名“公典”，长江三角洲“公典”行业由此开始。之后，徐汝福发动同仁“联名具陈”，在文武坊“广善堂”旧址创立丝捐公所，计包抽厘，从此，地方上一切善举的经费来源不断。另外，建义塾、修桥梁，捐粮食资助、赈济灾民，收养弃婴，别人不愿意做的事，徐氏都乐而为之。①

第三节 建筑年代考

道光二十四年(1844年）纪磊、沈眉寿《震泽镇志》刻本“师俭堂·徐”位于目录捐资姓氏栏的首位。由此推测，师俭堂始建年代应该在道光年间（1821–1850年）或更早。据《吴江县志·大事记》载：“咸丰十年（1860年），太平军自苏南进，攻占松陵，并陆续占领今吴江全境，师俭堂毁于兵燹。同治二年（1863年），六月起，太平军在清军纠合戈登洋枪队的数度追击下，逐步撤离吴江。”而龚希髯手稿《震泽镇志续稿》[丝捐公所]附录记载：“同治三年二月，震泽收复，还我土田。抚恤总局移驻苏城，徐君寅阶亦乞假告归。斯时也，故钉已失，椽瓦无存。”徐氏后裔徐谋忠先生回忆：“在师俭堂花园的花厅里有一块匾额的落款有‘同治二年’字样。”《震泽镇志续稿·园第卷》载：“藜光阁，在镇东圩古泉桥东，部郎徐汝福建，杨岘山（1819–1896年）题额。”藜光阁，取意《晋书·山涛传》“以母老拜赠藜杖一枚”，以示徐氏子弟之尽孝[图2–3–1]。由此推断，现存师俭堂应是在同治二年至三年（1863–1864年）期间重建的。花厅的隔扇绦环板上“漆刻”记载：“[汗宜子孙洗]光绪二年岁次丙子季夏之望挥汗摹此愧无似也。”落款：“伯铭氏”[图2–3–2]。徐汝福的长子泽之，字伯铭，系同治十二年癸酉（1823年）科举人，选内阁中书[图2–3–3]。因此，师俭堂在光绪二年（1876年）曾经有过扩建或整修。

---

① 参见附件一：震泽徐氏足迹一览。

图 2–3–1　藜光阁 · 曲廊 · 假山

图 2–3–2 花厅 · 漆刻 · 隔扇

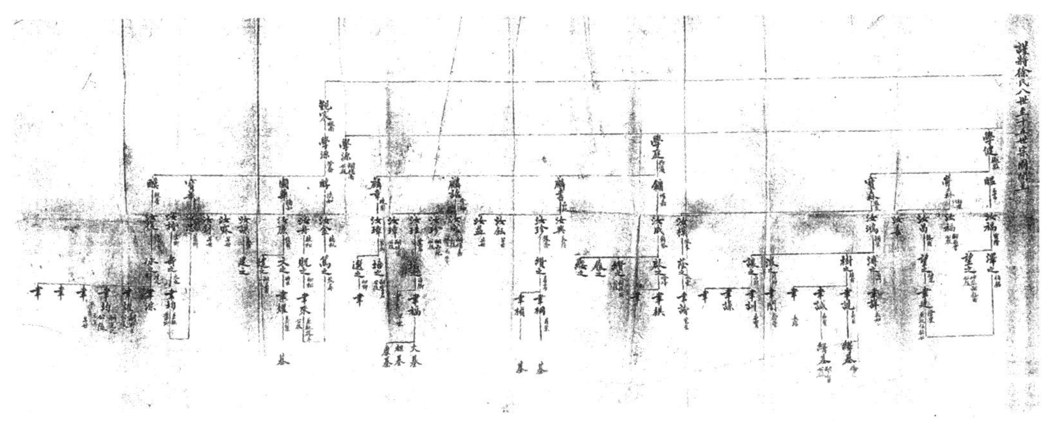

图 2–3–3 徐氏八世至十五世宗图（局部）

第四节 师俭堂历史沿革

一、师俭堂宅基范围

2002 年以前，对于师俭堂价值的认定与现今有所不同。随着课题研究的深入，课题组在作师俭堂与苏州民居、浙江民居比较分析时发现，中轴的建筑布局中缺“轿厅”的位置，通过深入调查、寻找原始图纸考证得知，原来当地文物部门在 1995 年划定江苏省文物保护单位的保护范围时，将师俭堂的西部本体线，划定在西端过街拱券门以内，而西轴线的前三进建筑（建筑面积191.8m²）被误认为非师俭堂本体，因此师俭堂宅基地范围没有得到准确的表述［图2-4-1］、［图2-4-2］。

图2-4-1　师俭堂保护范围图（1996年）

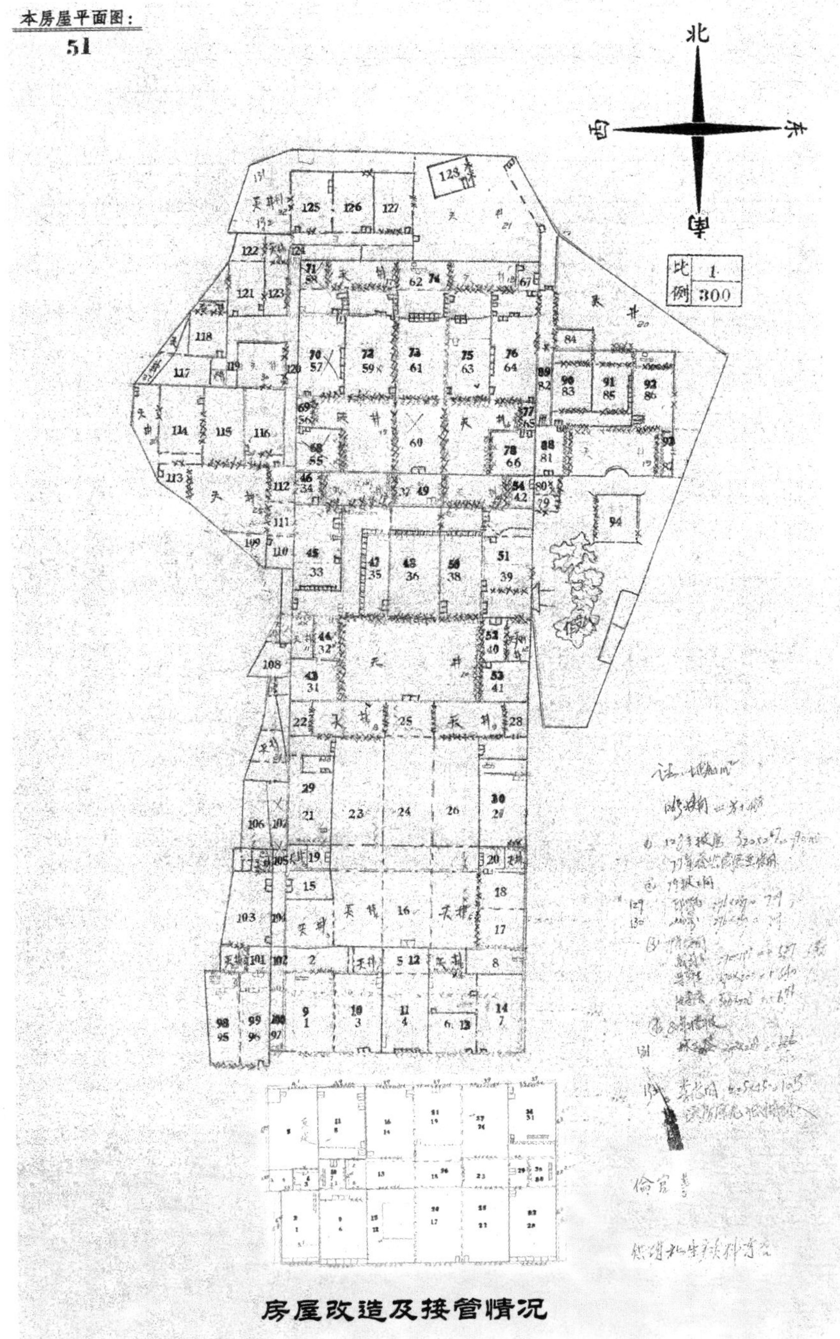

图 2-4-2　51 号本房屋平面图（1982 年）

二、师俭堂沿革

图 2–4–3　徐氏第八代徐启丞

师俭堂自同治年重建以来，一直为徐氏家族经商、居住使用。至民国年间，传至第八代徐启丞 [图2–4–3]，系当地经营丝经、米业的巨商[图 2–4–4]。徐启丞娶湖州戴季陶的养女戴小恒为继室。当时，戴小恒与蒋纬国同在戴家生活，以姐弟关系相处，可见徐氏家族与上层官僚的裙带关系[图2–4–5、图2–4–6]。其时，师俭堂形成了“河—房—街—房”典型的沿河商业空间模式。大厅为徐氏家族自营的恒懋昶丝经行，临宝塔街的南北铺面、楼厅等出租给“高万丰”米行、“泰丰”丝经行等商行使用（见表2 –1)，铺面先后出租给外姓人家。

解放后，徐氏划为地主，但房屋仍然保留给其家族所有，继续出租、居住用。“文革”时，“更楼”变成“四旧”，徐氏后裔无奈将其拆除。1971 年，“师俭堂 136 间除留给自住房屋 1 间外，其余房屋予以全部没收”[图 2–4–7]。至此，徐家后裔被扫地出门，师俭堂变为直管·公房。此后，师俭堂由房管所将临街铺面出租给供销社，其余出租给 37 户居民居住。据徐氏后裔徐谋忠回忆：1972 年有关部门将花园内一座峰石移至杭州；1979 年，拆除了院内的玻璃走廊和弄堂西侧的 2 间辅助房；1983 年政府落实政策，将楼厅（二）西部 195.69m^2 退给徐氏后裔，当年，徐氏便将此房分别卖给王福祥等四户人家，余者仍由当地居民租住。1995年师俭堂被列为江苏省第四批文物保护单位。2001 年 7 月，震泽镇政府通过无偿拨给房管所开发南环路（黄金地段）6 号商住楼土地 2.1 亩，优瑾新村搬迁用房中、小户型 5 套的优惠政策，开始对师俭堂的住户进行搬迁、置换。2002 年 8 月，由省计委、省文化厅、吴江市建设局、震泽镇政府共同投资，对师俭堂进行全面修缮并完成内部的复原陈列。2004 年 4 月，师俭堂对外开放。2005 年 6 月，师俭堂修缮工程通过江苏省文物局专家组的验收。2006 年 5

图 2–4–4　徐启丞一家 前排从左至右：徐婉诒、戴小恒（杨郁文）徐祖诒、徐启丞、徐谋忠，后排从左至右：徐谋龄、陶锦安、徐谋深、徐谋先

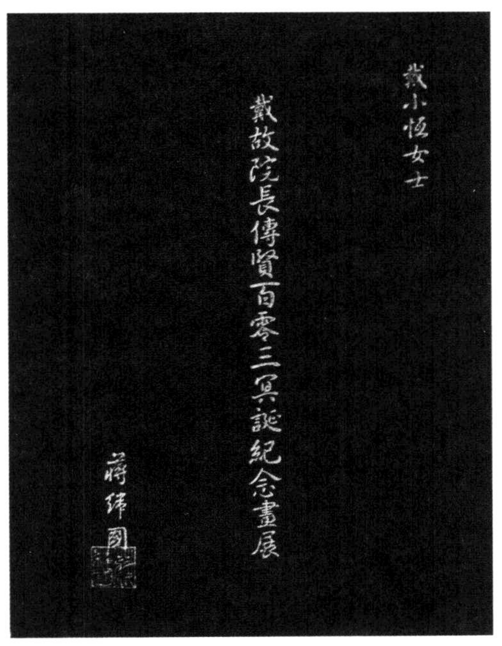

图 2–4–5　蒋纬国将《戴故院长传贤百零三冥诞纪念画展》册托祝康彦从台湾带给其姐戴小恒

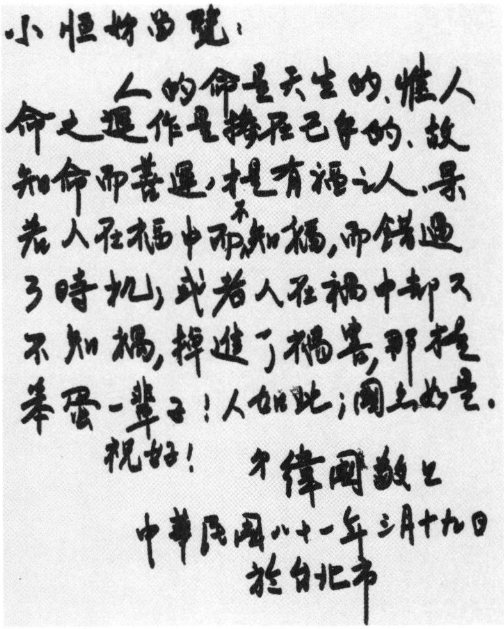

小恒姊尚览：

人的命是天生的，惟人命之运作是操在己身的。故知命而善运，才是有福之人。果若人在福中不知福，而错过了时机；或若人在福中却又不知福，掉进了福窖，那才是笨蛋一辈子！人如此；国亦如是。

祝好！

弟纬国敬上

中华民国八十一年三月十九日

於台北市

图 2–4–6　蒋纬国致戴小恒的亲笔信

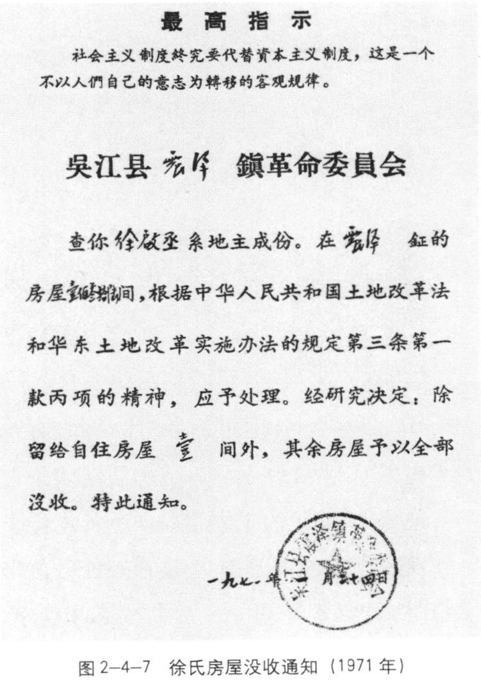

最高指示

社会主义制度终究要代替资本主义制度，这是一个不以人們自己的意志为轉移的客观規律。

吴江县 震泽 鎮革命委員会

查你徐啟丞系地主成份。在震泽 鎮的房屋壹幢拾陆间，根据中华人民共和国土地改革法和华东土地改革实施办法的规定第三条第一款丙项的精神，应予处理。经研究决定：除留给自住房屋 壹 间外，其余房屋予以全部没收。特此通知。

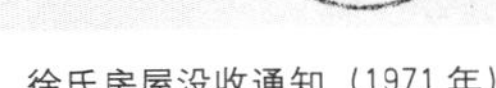

图 2–4–7　徐氏房屋没收通知（1971 年）

图 2–4–8　全国重点文物保护单位标志牌

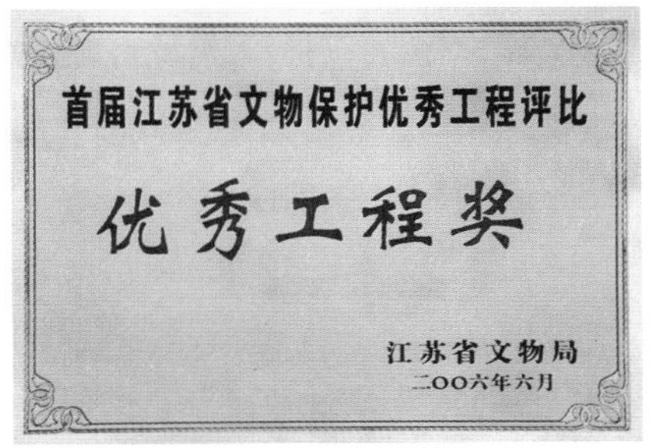

图 2–4–9　首届江苏省文物保护优秀工程奖奖牌

月25日，师俭堂被国务院公布为第六批全国重点文物保护单位［图2–4–8］。2006年6月，师俭堂修缮工程被评为“首届江苏省文物保护优秀工程奖”［图2–4–9］。

师俭堂房屋租用情况一览表　　表2–1

<table>
<tr><th>序号</th><th>1937年前</th><th>1937–1940年</th><th>1949–1956年</th><th>1956–1965年</th><th>1966–2001年</th></tr>
<tr><td>1</td><td>陈无一帽庄</td><td>张文记饭店</td><td>何鑫森面店</td><td colspan="2" rowspan="3">住　户</td></tr>
<tr><td>2</td><td colspan="3">新合兴弹絮店</td></tr>
<tr><td>3</td><td colspan="3">方公正水果店</td></tr>
<tr><td>4</td><td>门厅（正墙门穿堂）</td><td colspan="2">同丰桐油磁器号</td><td rowspan="2">公私合营烟草商店第三门市部</td><td rowspan="7">供销社生产资料商店批发部</td></tr>
<tr><td>5</td><td colspan="3">福懋泰南货店</td></tr>
<tr><td>6</td><td colspan="2">万昌祥烟纸店</td><td colspan="2" rowspan="5">供销社生产资料商店</td></tr>
<tr><td>7</td><td colspan="2">上货用河埠头（水墙门穿堂）</td></tr>
<tr><td>8</td><td colspan="2">高万丰米行</td></tr>
<tr><td>9</td><td colspan="2">沈裕隆铜锡作</td></tr>
<tr><td>10</td><td colspan="2">潭记丝线店</td></tr>
<tr><td>11</td><td>恒懋昶丝经行（大厅）</td><td>化肥仓库</td><td colspan="3">酒类仓库</td></tr>
<tr><td>12</td><td>泰丰丝经行（楼厅二）</td><td colspan="4">住户</td></tr>
<tr><td colspan="6">备注：本表摘自《江苏省文物保护单位记录档案——师俭堂》，并根据复查补充整理而成。</td></tr>
</table>

第五节　师俭堂的建筑特点

一、临水选址占据商业黄金地段

师俭堂在頔塘河之北宝塔街的西端，三面临河，东望慈云寺塔[图2–5–1]，西靠斜桥河（又名古泉港），南临頔塘河，北枕藕河。頔塘河系京杭大运河的支流，是浙江湖州东出入海的交通动脉。师俭堂宅第依水而建，跨街而筑，占据了当时的十字路口，为其发挥较大的商业功能奠定了基础。同时，“采用过街拱券来表示街道的入口或大宅的宅域”[7]的做法［图2–5–2］，《城镇空间解析》一书中称师俭堂“巨大的体量位于古镇中心的河道旁，成为古镇的标志性建筑之一”［图2–5–3］。

图 2–5–1　慈云寺塔 · 禹迹桥

图 2–5–2　宝塔街 · 过街拱券（老照片）

图 2–5–3　頔塘河 · 师俭堂 · 慈云寺塔

二、自由灵活的建筑布局与强调主轴的规整相结合

师俭堂位于震泽镇宝塔街、斜桥河、藕河及三官堂弄所围合的三角形街坊内，由于三面环河和周边建筑的限制，地理上构成不规则的地块形式［图 2–5–4］。因此，师俭堂因地制宜地取中轴线北偏东43.7°，使东南的主导风向贯穿整个宅院。在总体规划上，中轴的规整、严谨与东西轴的灵活多变有机地结合在一起，形成独特的园林大宅[图2–5–5、图 2–5–6]。色彩处理上，栗色梁架、门窗，黑柱与粉墙黛瓦，使建筑群外观素雅、洁净。平面上，主次分明的建筑将园林与住宅互相融合贯通，形成“西宅东园”的宅第形式。师俭堂从南向北由三路建筑组成，依次为：(1) 中轴：河埠—仓库—铺面—宝塔街—门厅—大厅—楼厅（一）—楼厅（二）—天井—河埠头。(2) 东轴：河埠—铺面—宝塔街—藜光阁—假山、半亭、曲廊—四面厅、梅花亭—花厅—天井—河埠。(3) 西轴：河埠—铺面—宝塔街—铺面、辅助房—走廊—厨房—杂屋、河埠—天井—柴房。路与路之间设置备弄、封火墙。门厅有木雕门楼，宅内按厅堂的主次关系建造简繁得当的砖细墙门[图2–5–7、图 2–5–8]。

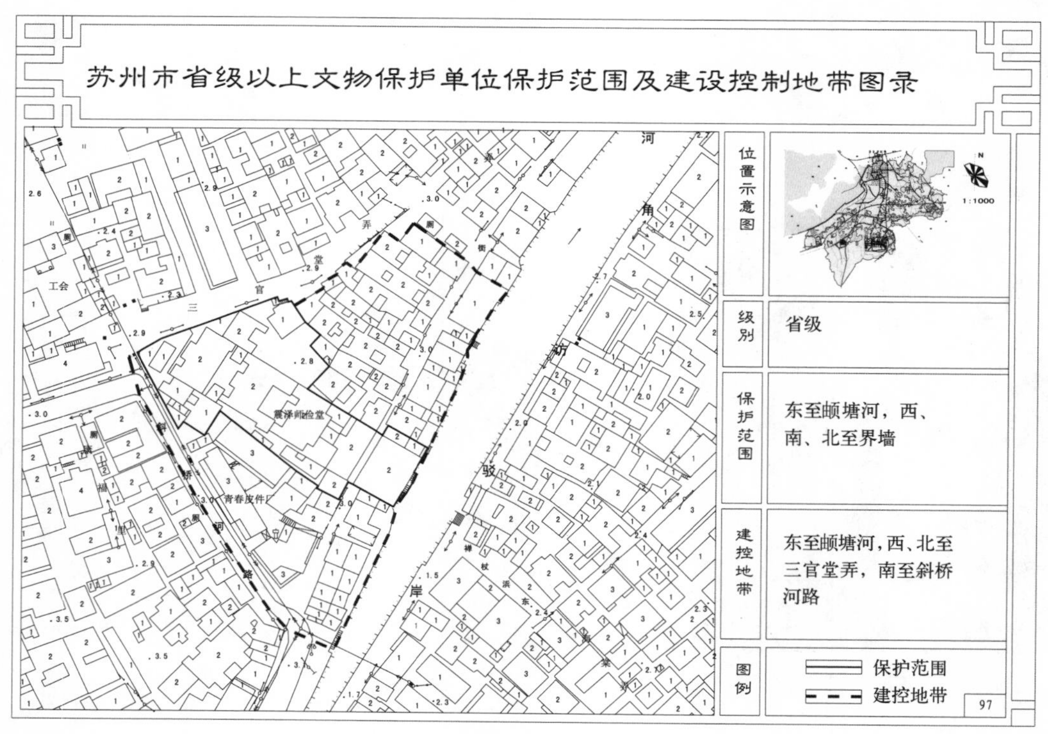

图 2–5–4　师俭堂目前保护范围示意图

图 2–5–6 三山屏风墙（封火墙）

图 2–5–5 建筑群鸟瞰之一（引自《锦绣吴江》）

图 2–5–8 砖雕细部

图 2–5–7 第四进砖细墙门

（一） 中轴规整，突出商用功能

1.建筑布局

第一、二进“走马楼”位于街南，进深六界。下为米行、铺面，上为仓库等。占地面积328.63m^2，建筑面积601.59m^2。第三进位于街北，为师俭堂的门厅、铺面，二层楼，进深六界。占地面积196.51m^2，建筑面积332.66m^2。第四进大厅，是师俭堂的主体建筑，为恒懋昶丝经行，进深九界，占地面积280.87m^2，建筑面积332.66m^2。系“明三间带两厢”格局，形制为“敞厅”，具有高、敞、正的特点。屋宇轩昂，厅内的木雕梁架、黑漆立柱与白屏门组合在一起，显得雍容华贵。厅堂东、西的砖细清水墙，线框构图简洁，制作精细[图2-5-9、图2-5-10]。第五进楼厅（一）为泰丰丝经行租用。三合院形制，进深八界。占地面积441.54m^2，建筑面积721.48m^2 [图2-5-11]。楼下明三间为厅堂布置，屏门后对称安装“直上式”木楼梯，栏杆用“冰裂纹”装饰，构图精巧别致 [图2-5-12] 。楼上用雕刻精美的隔扇界定起居间，再通过屏门、木隔断将平面划分成4组相对独立的居住空间。楼厅的槛窗芯用奢华的彩色玻璃镶嵌，而且配置了挡风玻璃窗 [图2-5-13]。楼下廊轩为“船篷轩”，承重梁扁作，两侧有砖细清水墙。南向的6扇隔扇用黄柏木制作，裙板中用浮雕手法雕刻一组山水人物画卷，弥足珍贵 [图2-5-14]。檐下有雕刻“八仙过海”题材的牛腿一组，人物造型栩栩如生，

图2-5-9　大厅 · 南面

图 2-5-10 大厅 · 轩廊

图 2-5-11 楼厅（一）· 东南面

图2-5-12 楼厅（一）· 冰纹 · 楼梯

图 2-5-13 楼厅（一）· 隔扇 · 墙门

图 2–5–14　楼厅（一）· 黄柏木雕 · 隔扇 · 之一

图 2–5–15　楼厅（一）· 木雕 · 牛腿

图 2–5–16　楼厅（二）· 西南面

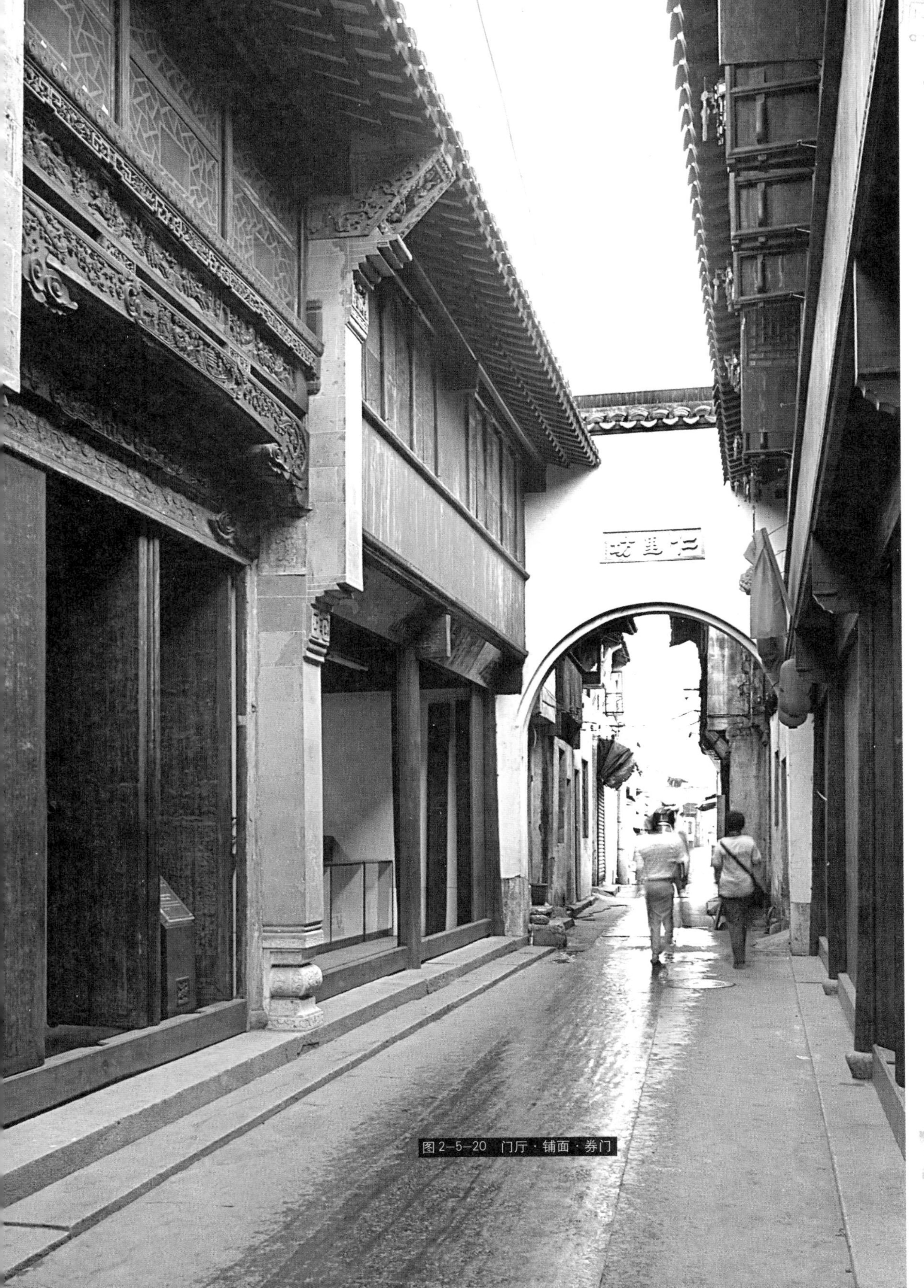

图 2-5-20 门厅·铺面·券门

图 2–5–21　门厅 · 木雕 · 门楼

图 2–5–22　大厅 · 砖细 · 墙门

图 2–5–23　师俭堂 · 鸟瞰

图 2–5–24　钮经园 · 四面厅

图 2–5–25　钮经园 · 半亭 · 曲廊

图 2–5–26　钮经园 · 花厅

图 2–5–27　花厅 · 子孙万代 · 木雕 · 飞罩

图 2–5–28　花厅 · 漆刻 · 隔扇

图 2–5–29　花厅 · 隔扇 · 栏杆

型的“景窗”关系，现已无存[图2–5–30]。“花草树木的配置，除可美化环境外，也多有吉祥寓意，如植桂树和玉兰，象征‘金玉满堂’、‘玉堂富贵’”，因此，园内绿化有桂花、广玉兰、枇杷、梅花、木樨香等种植。[14]梅花亭入口的门额“叠翠”一词，取自元代萨都剌诗句“四山叠翠开图画，溪水漱石如笙竽”，点出了园内层叠翠绿的景致[图2–5–31]。高高的三山屏风墙，似一张宣纸，而亭台楼阁贴墙而筑，犹如一幅浓淡相宜的水墨画。藜光阁、梅花亭、花厅内设门洞与中轴建筑连贯，藜光阁下石库门直通大厅，使花园既有休闲功能，又有对外接待客商往来的商用功能。“园中无水，而利用假山之起伏，平地之低降，两者对比，无水而有池意”[15]，因此，钮经园具有“旱园水做”[16]的特点。整座花园布局紧凑、建筑华美，虽由商贾营建，却不失书卷之气，是利用宅旁不规则隙地造园的为数不多的典范之一。

图2–5–30　徐氏后裔徐谋忠与调查者李廉深

（三）辅助房屋简洁实用

街南、北二进为“上房下店”式铺面；第三进平房；第四、第五进为厨房、杂屋，为三合院；西侧厢房通斜桥河；最后是柴房，后天井内为供丝经行伙计用的公厕，1949年后被拆除；后天井临藕河（现为街）。这组建筑占地面积442.98m²，建筑面积458.04m²，开间二到三间，进深六到七界，梁架为圆堂，硬山顶，构筑简洁朴实[图2–5–32]。由于地块是沿斜桥河（现为街）走向的三角形，房屋的朝向自然会受影响。因此在布局上，它利用天井和院落调整建筑朝向，这样灵活多变的处理方式，使复杂的地形中营造出极富趣味的建筑空间。辅助房与中轴的联系以“备弄”[17]为主，其地势由南向北逐渐走高，与之对应，弄内每隔一段也要上1～2级台阶[图2–5–33]。建筑上，这些要素使宅院的空间得以变化，使这种狭窄的线性空间不显单调，让人身在其中而不失方位感。另外，备弄主要供女眷、仆役通达前后各院使用，亦体现封建社会家族宗法观念中内外有别的要求[图2–5–34]。

图2-5-31 四面厅·梅花亭·发戗

图 2–5–32 厨房 · 天井

图 2–5–33 备弄 · 南向

图 2–5–34 备弄 · 北向

中轴建筑檐柱柱径比与屋面坡度一览表　　表 2–2

名称	柱高（mm）	柱径（mm）	柱径比	屋面坡度	备注
米行	2250	180	1∶12.5	28°	5.5 算
铺面	2250	220	1∶10.2	29°	5.5 算
门厅	2300	200	1∶11.5	27°	5 算
大厅	4100	250	1∶16	30°	6 算
前楼厅	2450	200	1∶12.5	26°	5 算
后楼厅	2400	200	1∶12	26°	5 算

三、大木构架突出地域特点

浙江民居“屋面坡度一般是‘四分水’至‘六分水’，约相当于21°～35°，故屋面常略微举折。大型住宅屋檐有生起，一般每间生起约10cm，梢间山墙要更多一些”。[18]而苏州民居不同类型的建筑有不同的提栈[19]，工匠有“租四、民五、堂六、厅七、殿庭八”的做法。[20]

通过上表分析：师俭堂的屋檐部位生起不明显，屋脊上利用“帮脊木”调整，高度略有生起在15～18cm。大木构架用“抬梁式”与“穿斗式”相结合，体现了江浙交界地区民居的特点[图 2–5–35]。

师俭堂厅堂的“构架实际为一种着重装饰意味的构架，它采用加大梁枋截面，增加斗栱、雕饰，加设轩顶、重椽，改变室内空间的办法，以取得结构意味的恢宏气派[图 2–5–36]。”[21]大厅的“脊桁处置山雾云、抱梁云，填补了山间的空间，显得雕饰精美。”[22]梁边沿雕饰线角，两端有荷花、凤戏牡丹等图案，给人印象强烈[图 2–5–37]。梁下采用如意形梁垫与雕镂空花纹的蜂头，结构上扩大承载梁断面，加强其抗剪切强度，建筑上把结构和装饰结合起来[图 2–5–38]。

图 2–5–35(一)　大厅 · 次间 · 梁架

图 2–5–35(二)　大厅 · 边贴 · 穿斗式梁架

图 2–5–36　大厅 · 廊轩 · 雕刻

图 2–5–37　大厅 · 山雾云 · 雕刻

图 2–5–38　大厅 · 大梁 · 蜂头

图 2–5–39　楼厅（一）· 牛腿正面 · 雕刻

为了扩大使用面积，师俭堂构架大多做“悬挑”处理。建筑前后既有“硬挑头”，也有“软挑头”。挑梁下的“斜撑”进行艺术加工，富有装饰意味。例如：楼厅（一）的挑檐下，牛腿变成表现“八仙过海”等神话人物故事的雕刻作品，这样的艺术加工，强化了建筑构件形体的形式特征[图 2–5–39]。

四、技防与人防相结合的安防体系

师俭堂地处商业中心，三面临水的地理位置为其防火提供了充足的水源，庭院内均配备大水缸[图 2–5–40]。高高的封火墙和跨街而筑的拱券门，既丰富了建筑群的天际线，又为主体建筑的防火构建了一道屏障。每进之间高过屋檐的围墙及厚实耐火的石库墙门，既界定了各厅堂的建筑

图 2–5–40　大厅 · 庭院 · 水缸

图 2–5–41　楼厅（一）· 蟹眼 · 天井

图 2–5–42　楼厅（二）· 石库门 · 门闩

图 2–5–43　更楼 · 东南向

图 2–5–44　楼厅 · 地板门

功能，又形成了相对独立的防火、防盗系统[图2-5-41]。作为内宅的楼厅（二）更是戒备森严，不仅有密室，其石库门的门闩有3道之多[图2-5-42]。更楼有3层高，下设3道石库门，楼上前可俯瞰宅内，后可监视宅外水上动静[图2-5-43]。宅内所有楼面的楼梯入口处都装地板门，插上门闩可以保证楼上的安全[图2-5-44]。这些技防与人防相结合的措施，使师俭堂中轴建筑具备了完善的安防体系。

五、"四水归堂"的排水方式与独特的防潮工艺有机结合

苏州地区气候潮湿，空气湿度大。据统计，年平均相对湿度为80.8%，年平均最小相对湿度为78%。一般在梅雨季节及其前后，空气的相对湿度更大。师俭堂内部庭院为"三合院"形式，地面铺砌花岗石，由北向南有2%～3%的散水坡度，东西呈"龟背"形，庭院与"蟹眼天井"内备有窨井，保证雨水通过下水道排向河道[图2-5-45]。中轴建筑由南向北抬高共计45cm，既蕴涵"步步高升"的口彩，又有利于雨水排泄[图2-5-46]。

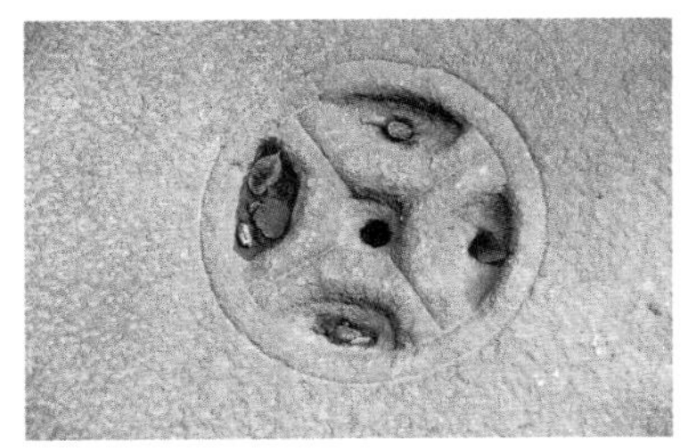

图2-5-45　庭院·雨水井

厅堂内铺方砖或木地板，一般下设砖砌龙骨，龙骨之间铺5～6层蚌壳，厚25～30cm，这种防潮处理的做法为目前江南地区鲜见。墙裙既承受上部墙体的重量，又是墙体中最容易受损的部位，如受外力碰撞和雨水侵袭、受潮等，容易风化、酥碱。师俭堂用0.6～0.8m高的青石或花岗石墙裙与檐下每开间通铺的阶沿石相配套，加上柱根开"圭角"构

图2-5-46　河埠·雨水口

图2-5-47　楼厅（二）·墙裙

成“滴水”，阻止了地下上涌的潮气，强化了建筑群的抗撞击、防水、防潮的功能[图 2-5-47]。

六、装饰手法的多样性与施工工艺的兼容性有机结合

明清时期，受当时营造制度的限制，民居建筑的开间、进深规模不能随意扩大，所以在装饰上下工夫、做文章变成满足自己需求的一种途径。师俭堂通过建筑雕刻、新材料的运用，将传统与现代的装饰手法有机地结合起来。如：木雕、石雕、漆刻、磨砖、泥塑、彩色玻璃镶嵌挡风玻璃的运用等。

（一）门厅与挑檐的雕饰

1.木雕门楼

门厅的木雕以戏曲人物为主，如：月梁上采用混雕、剔地手法将《刘备招亲》、《状元及第》、《三圣庆寿》等故事形象生动地刻画出来，工匠的理解力和想像力与综合运用技法进行创作的意图也清晰地得以表达。两侧的垛头，通过高浮雕、镂空雕工艺和俯角的运用，使《张飞击鼓》、《马超追曹》的故事形象化，给人以强烈的视觉冲击[图 2-5-48]。青石须弥座用剔地与线刻相结合的手法，将《五蝠临门》这类陪衬图案处理得亲切宜人[图

图 2-5-48　门厅 · 垛头

2-5-49]。冰裂纹状和合窗与结实的板门对应，使门厅入口处显得雍容华贵，具有强烈的导引性能和装饰效果。

2.挑檐

檐部的处理利用挑枋、撑拱结构完成。(1)斜撑型：如大厅檐口，上细下粗，纺锤状，上承托斗，下接雀替构成一体[图 2-5-50]。(2)图案型：四面厅的檐口挑枋，形似图案如卷草、S 纹，内部施精细的雕刻点缀人物、花鸟之类，装饰效果极好[图 2-5-51]。(3)圆雕型：楼厅的挑檐，为“三角撑”式的牛腿，一组《八仙过海》题材的全景[图 2-5-52]，与对面墙门兜肚中的砖雕《八仙祝寿》相呼应。牛腿的雕刻采用混雕、剔地、镂空雕等技法，其“大面打凿有概括力，细部切削果断，作品讲究木味，讲究刀法，有些地方还辅以线刻”[23]，使牛腿富有生命力。这一类装饰手法常见于浙江民居中，因此，师俭堂的门厅、楼厅的雕刻吸纳了浙江民居的一些特点。

（二）简繁得当的墙门装饰

宅内的砖雕主要集中在墙门和垛头上，根据建筑物的重要程度以及相互的对景关系，确定每进墙门的装饰程度，装饰由繁至简[图 2-5-53]。门头的砖雕，其垂莲柱雕锦纹图案；上下枋雕人物故事或雕缠枝花卉、盘长等横向展开图案；中心字牌题字，两侧兜肚近似方形，雕山水、戏文故事，图案造型强调对称中求变化，简繁得当，与构件一起构成统

图 2-5-49 门楼·须弥座

图 2–5–50　大厅 · 斜撑

图 2–5–51　四面厅 · 戗角

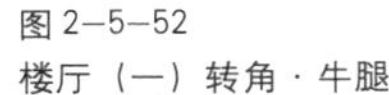

图 2–5–52
楼厅（一）转角 · 牛腿

图 2–5–53　楼厅（一）· 墙门 · 细部雕刻

一而富于变化的整体。雕刻工艺上，刀法细腻，追求画意，意境幽深，风格典雅，代表江南地区的清丽风格。因此，这也成为师俭堂建筑雕饰艺术的精华部分[图 2–5–54]。

墙门的字碑都有典故，借以自勉、昭示后代。如：大厅的“世德作求”，出自《诗·大雅·下武》：“王配于京，世德作求”，郑玄注释：以其世世积德，庶为终成其大功。楼厅（一）的“慎修思永”，出自《书·皋陶传》：“慎厥身，修思永”。皋陶为虞舜时期的法官，为了保证自己做事正确，他谨慎地进行修身律己。楼厅（二）的“恭俭维德”出自《荀子·非十二子篇·第六》：“恭俭者，偋五兵也。虽有戈矛之刺，不如恭俭之利也。诗云：温温恭人，维德之基。此之谓也。”字碑的运用体现了苏州民居雅素明净的风格。

（三）檐廊的雕饰构成视觉中心

厅堂是住宅的活动中心，要有较大的空间。在梁架跨度不变的情况下，设廊加大房屋的进深是江南民居常用的办法。檐廊，既联系室内外交通，又使内部空间主次关系明确，统一中有变化，更重要的是强调大厅宽敞、华丽的视觉效果。楼厅、花厅则利用门窗装修形成封闭的檐廊，作为室内通道。轩顶与屋面之间的封闭空间形成防寒隔热层，对保持室内冬暖夏凉起了良好的作用。檐廊装饰主要利用挂落、栏杆、月梁等细部雕饰手法来完成[图 2–5–55]。厅堂的抱厦天棚通过“横、方、竖”的构图强调其主次关系，这样一来，檐廊的装饰效果增强，冲破了空间狭长感觉，配合厅堂的联匾悬挂与

图 2–5–54　楼厅（二）· 墙门 · 细部雕刻

图 2–5–55　楼厅（一）· 轩廊

图2–5–56 大厅·抱厦·藻井

室内空间形成整体[图2–5–56]。师俭堂内所有山水、人物题材的雕刻作品几乎都集中在檐廊部位，如《华山对弈》等，每组画面都有明确的主题，综合运用混雕、剔地、线刻等手法，具有很强的写实功力[图2–5–57]。反映了清代同治中兴时期，当地繁华的商贸经济现象和社会、生活、伦理，以及人们家宅平安、健康长寿、人丁兴旺的愿望。

（四）制作精细的隔扇、栏杆雕饰

师俭堂隔扇大都是每开间装设六扇，式样为“葵式嵌玻璃”、“冰纹嵌玻璃”，棂格由回纹、藤纹、龟纹、冰裂纹之类图案环绕构成，“内心仔”的彩色玻璃与明瓦有机地组合在一起，内部出现了类似“现代挡风玻璃窗”的装修[图2–5–58]。隔扇的绦环板和裙板为重点装饰处，雕刻山水人物、吉祥如意、花卉与静物（琴棋书画）等图案，如：楼厅(一)的六扇黄柏木隔扇的裙板上，采用混雕、剔地、透雕的手法将一组山水人物长卷刻画得栩栩如生，使观赏者的眼光不由自主地集中在这里[图2–5–59]。室内的隔扇中，绦环板的位置与人的视点等高，光影效果理想，因此这里的雕刻非常精细。如：花厅里有两组隔扇，外面采用清水线刻的手法来雕刻，上施石绿色；内面是在油漆过的绦环板、裙板上雕刻花鸟、静物，似以漆面为纸、刻刀为笔创作出来的国画。这种装饰手法非常少见，暂且称为

图 2–5–57　四面厅 · 檐枋 · 雕刻细部

图 2–5–58　楼厅（二）· 厢楼 · 挡风玻璃窗

图 2–5–59　楼厅（一）· 黄柏木 · 隔扇 · 雕刻之二

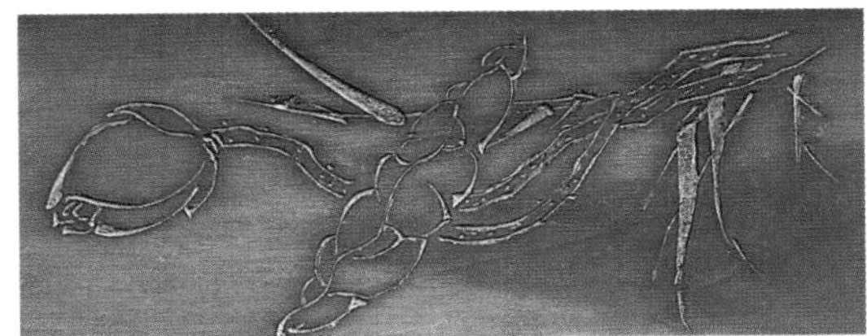

图 2–5–60　花厅 · 隔扇 · 漆刻 ·"长寿半钩"

"漆刻"。楼下的隔扇，内面绦环板的图案是徐汝福长子徐伯铭（泽之）将其收藏的"汉元康铜铭"、"汉舞铙一"、"颖阴宰之印"、"汉铎"、"长寿半钩"、"新莽泉范文底"等古董临摹后，刊刻在油漆好的绦环板上[图 2–5–60]。另一面是清代宋穀年在益寿轩内创作的"水仙"、"梅花"、"竹子"、"菊花" 一组花卉，由清代精于竹刻的金之骏（号梦吉）刊刻(见表 2–3)。

这组作品是书法、章法、刀法三者完美的结合，板上既有清秀飘逸的书法笔意，又有优美悦目的绘画构图，更兼得刀法生动的雕刻神韵。外面是一组有关徐伯铭（泽之）收藏的书画真伪的鉴定文字，由清人坚白写成行书，梦吉（即金之骏）用线刻的手法刊刻在清水裙板上，整幅字势如霞舒云卷，似激越流水，给人以出没无穷的变化之美[图2–5–61、图 2–5–62]。

通过"师俭堂建筑雕饰图案寓意解析表"(表 2–4)的统计资料归纳，我们发现师俭堂隔扇的雕饰图案均具有丰富的内涵，如：八扇组合在一起有"八吉祥"的意思，单独一扇又可以表示"招财进宝"的含义，相互间的逻辑关系明确[图 2–5–63]。雕刻的图案与房屋的使用功能有机地结合，如书房里的雕刻都是"岁寒三友"、"芝兰玉树"一类的题材 [图

花园花厅隔扇"漆刻"作品统计表

表 2–3

序号	部位	图案	文字实录	落款	工艺	备注
1	上左一	静物			漆面阴刻	绦环板（内）
2	上左二	静物			漆面阴刻	
3	上左三	静物			漆面阴刻	
4	上左四	静物	茶壶、杯子		漆面阴刻	
5	中左一	汉铎	汉铎　大富贵宜子孙，其富贵二字相连，以富字之末为贵字之首	润身 柏民	漆面阴刻	绦环板（内）
6	中左二	长寿半钩	积古款识云阴字疑别有阳字半钩合之	益寿轩主泽之仿古	漆面阴刻	
7	中左三	新莽泉范文底	富人大万　大万犹今人云巨万，汉书《刘向传》功费大万百余	鄂君 柏民	漆面阴刻	
8	中左四	汉宜子孙洗	光绪二年岁次丙子季夏之望，挥汗摹此愧无似也	柏民并记 伯铭氏	漆面阴刻	
9	左一	菊花	湖上山农心于益寿轩	榖年	漆面阴刻	裙板（内）
10	左二	竹子	拟板桥大令笔意	宋榖年	漆面阴刻	
11	左三	梅花	古香不计岁，历久益精神。未遂调羹用，先回大地春	光绪丙子六月稻香居主榖年、金石契	漆面阴刻	
12	左四	水仙	仙八不着地，故托水为名	山农志、山农 秀水金之骏刊 梦吉	漆面阴刻	
13	下左一	颍阴宰之印	汉志颍阴县属豫州颍川郡。孟康曰夏启有钧台之饕在颍川南	泽之？[①] 印	漆面阴刻	绦环板（内）

① ?表示此处文字字迹不能辨认。

续表

序号	部位	图案	文字实录	落款	工艺	备注
14	下左二	瓦当宝正六年二月造	此瓦文曰宝正六年二月造	七言正书柏民摹	漆面阴刻	
15	下左三	汉元康铜铭	梁山铜二斗铜重十斤，元康元年造，扶汉宣帝即位之九年，乃改元康其末，扶字乃号耳	泽之?	漆面阴刻	
16	下左四	汉舞铙一	此铙面虚背实，与《博录》所取载两面空虚不同，其色重绿数层，如劈翡翠玉，真出土汉物	伯铭	漆面阴刻	
17	左一		东坡书，随大小，真行楷有妩媚可喜处，今伪子尝讥评东坡盖用翰林侍书之绳墨尺度，是讵知法之意哉	梦民	清水线刻	裙板（外）
18	左二		钱穆甫、苏子瞻皆病余草书，多俗笔。因余少时，学周膳部书，初不自悟，数年来犹觉洗?尘埃未尽	? ? ? ? ?	清水线刻	
19	左三		诒庭张观察有[山窗]一绝，云：空阶入夜雨萧萧，剔尽银灯漏转遥。为怕客中停不得，小窗先日剪芭蕉	竖白书 、梦吉刊	清水线刻	
20	左四		此帖安陵张梦得简，似是丹阳高述伪作，其依仿[糟店山芋帖]为之，然语之笔法皆未升，东坡之画也	节山若跋伪苏简俊?	清水线刻	
21	左一	兰花	默忘忧	?	漆面阴刻	楼上裙板（内）
22	左二	竹子	一叶翩一叶，拼浊中清、中浊画家能识片中情，何患一门无浊内临板桥本并录其句	泽之	漆面阴刻	
23	左二	荷花	蒲塘真趣	仿九八笔柏民遗兴写	漆面阴刻	

续表

序号	部位	图案	文字实录	落款	工艺	备注
24	左三	水仙、桃子	鄂君写	柏民	漆面阴刻	
25	左四	柿子	仿二十六郎金如心笔法	柏　民 ?	漆面阴刻	

注明：金之骏（1840−1901）字声，号梦吉，又号述庵，别号红柿村老农、一蒉山人。嘉兴人。书学赵孟頫，篆刻宗浙派，又精竹刻。

图 2−5−61　花厅 · 隔扇 · 刊刻

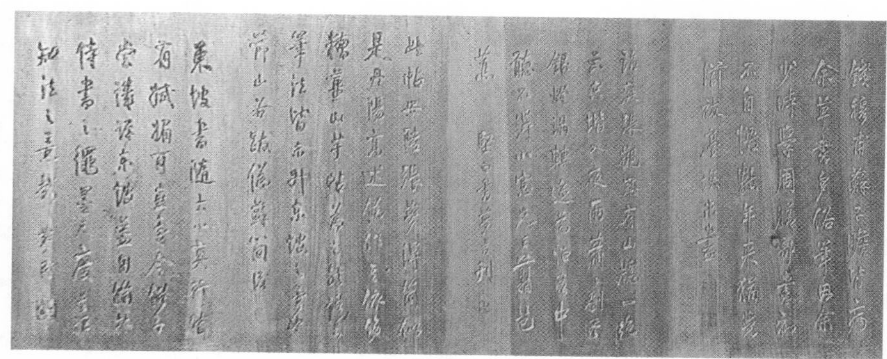

图 2−5−62　花厅 · 隔扇 · 刊刻

师俭堂建筑雕饰图案寓意解析表

表 2–4

序号	部位	材质	名称	图案	寓意解析	雕刻技法
1	门厅月梁（上）	木	刘备招亲	戏曲场景	又名“东吴招亲”。源于《三国演义》第五十四回“吴国太佛寺看新郎刘皇叔洞房续佳偶”：三国时，刘备借荆州不还，东吴周瑜向孙权献计，把孙权的妹妹嫁给刘备，但一定要刘备过江来招亲，然后把刘备软禁起来不放。可是刘备得到孔明的锦囊妙计，又有赵子龙保护，在江东招亲后，说服孙夫人，不辞而别，离开东吴。诗曰：“周郎妙计安天下，赔了夫人又折兵”	浮雕剔地线刻
2	门厅月梁（中）	木	状元及第	山水、人物	史料载：在明清两朝，“及第”二字专用于殿试的前三名，即：第一名状元，第二名榜眼，第三名探花。中状元在当时是一件非常荣耀的事情。故有“天上麒麟子，人间状元郎”之誉	浮雕剔地线刻
3	门厅月梁（下）	木	三圣庆寿	山水、人物	琉璃世界中，有日光遍照菩萨、月光遍照菩萨二位圣士，协助药师佛弘扬佛法，合称为“东方三圣”。“庆寿”即庆祝生日	浮雕剔地线刻
4	门厅垛头（东）	砖	张飞击鼓	戏曲场景	又名“古城会”、“古城释疑”源出于《三国演义》中，关羽在古城巧遇张飞。张飞怀疑关羽背叛兄长，投降曹操，决定与他反目。结果关羽刀斩曹操部将蔡阳，兄弟方才释疑。图案刻画了兄弟和解的故事	深浮雕剔地镂空雕
5	门厅垛头（西）	砖	马超追曹	戏曲场景	《三国演义》载：三国时，马超驻守西凉州，获悉父亲马腾被曹操杀害，即率二十万大军，直奔长安，攻打曹操。攻克长安后再捣潼关。马超遇曹操，仇人相见，分外眼红，双方展开激战。西凉兵勇猛异常，曹军大败，曹操在乱军中逃命，马超追赶，士兵们高喊捉拿曹操。为了不被认出，曹操只好脱下锦袍，用剑割短胡须，骑着马狼狈逃窜，幸亏曹洪相救，曹操得以脱身	深浮雕剔地镂空雕
6	门厅木雕门楼须弥座	石	五福临门	蝙蝠、门环	五福，语出《尚书·洪范》：“五福，一曰寿，二曰富，三曰康宁，四曰攸好德，五曰考终命。”通俗而言，即是长命百岁，荣华富贵，吉祥平安，行善积德，人老善终	浅浮雕线刻
7	大厅砖细墙门	砖	玉堂富贵	玉兰、桂花、牡丹等	以谐音和象征手法，寓意府第辉煌，荣华富贵	剔地线刻
8	大厅轩梁	木	农家乐	山水、人物	图案展现了一些生产劳动、世俗生活、民间风俗的场景	剔地线刻

续表

序号	部位	材质	名称	图案	寓意解析	雕刻技法
9	楼厅（一）墙门兜肚	砖	八仙祝寿	戏曲场景	相传八仙会定期赴西王母蟠桃大会祝寿，所以“八仙祝寿”也成为民间艺术常见的祝寿题材。民间酬神，也经常上演《醉八仙》或《八仙祝寿》等所谓“办仙戏”	剔地线刻镂空雕
10	楼厅（一）墙门上枋	砖	文王访贤	戏曲场景	史料记载：周文王为了推翻商纣王的暴虐统治，访遍天下贤人，后来在渭水河边，访到正在河边钓鱼的姜尚，请他作军队的统帅。文王的诚意感动了姜尚，他答应出山，帮助文王打天下。“文王访贤”比喻位高权重，仍能谦虚求教，礼贤下士	剔地线刻镂空雕
11	楼厅(一)一组撑拱	木	八仙过海	戏曲场景	传说吕洞宾等八位神仙去赴西王母的蟠桃会，途经东海，只见巨浪汹涌。吕洞宾提议各自投一样东西到海里，显神通过海。于是铁拐李把拐杖投到水里，自己立在水面过海；韩湘子、吕洞宾、蓝采和、张果老、汉钟离、曹国舅、何仙姑也分别把自己的花篮、萧、拍板、纸驴、鼓、玉版、竹罩投到海里，逐浪而过。八仙过海比喻各有一套本事去完成任务	圆雕透空雕线刻
12	楼厅（一）隔扇绦环板	木	百龄食禄	柏树、鹿、山峦等	柏谐音“百”，是“与松齐寿”的长寿之木；鹿谐音“禄”。由柏树和鹿组成的图案，便称“百龄食禄”，寓意延年益寿，加官进禄	深浮雕镂空雕
13	楼厅(一)隔扇裙板	木	夫妻好合	竹、梅等	竹和梅，古人视之为夫妻好合的象征，寓意情谊深长，婚姻美满	剔地线刻
14	楼厅(一)隔扇绦环板	木	宜男多子	瓜、豆荚等	旧时有中秋月夜妇女“摸秋”习俗，以得瓜、豆者宜男，因瓜和豆荚均多籽，寓意多生男孩	剔地线刻
15	楼厅(一)槛窗绦环板	木	渔家乐	山水、人物等	通过“送行、捕鱼、归来、嬉戏”的构图，描述了渔家简单而快乐的生活场景	浮雕剔地线刻
16	楼厅（二）隔扇绦环板	木	福运	蝙蝠、祥云	亦称福从天降、福从天来。蝙蝠伴着祥云飞来，以谐音和象征手法表示幸福、长寿的来临	剔地线刻

续表

序号	部位	材质	名称	图案	寓意解析	雕刻技法
17	楼厅（二）东厢房槛窗绦环板	木	福禄长久	佛手、葫芦、灵芝等	佛手，又名佛手柑，状如人手，民间常将其比喻佛。佛的谐音“福”，故又是多福的象征。葫芦谐音“福禄”。它藤蔓绵延，果实累累，被视为子孙万代的吉祥物。福禄长久，意为安康富足，永不变易	剔地线刻
18	楼厅（二）槛扇绦环板	木	四艺	琴、棋、书、画等	“四艺”即：琴、棋、书、画，是历代文人雅士的必备之物，表示家风清雅，深具知识学养	剔地线刻
19	楼厅（二）撑拱	木	梅开五福	梅树	梅开时呈五瓣状，象征五福，即快乐、幸福、长寿、顺利与和平。旧时春联有“梅开五福，竹报三多”，又有在妇人额上点“梅花妆”的风俗	剔地透雕全型雕
20	楼厅（二）隔扇裙板	木	春花三杰	梅花、牡丹、海棠等	梅花为国魂，牡丹为国香，海棠为花神，均是春花中的佼佼者。因此，寓意“春花三杰”	剔地线刻
21	楼厅（二）隔扇裙板	木	兰桂齐芳	芝兰、丹桂等	芝兰和丹桂在古时是对他人子、侄辈的美称。“兰桂齐芳”寓意子孙繁衍，显贵发达	剔地线刻
22	楼厅（二）隔扇裙板	木	芝兰玉树	兰草、玉兰等	兰草与玉兰，风姿秀美，品性高洁，后世将“芝兰玉树”喻为人才辈出，事业有成	剔地线刻
23	楼厅（二）隔扇裙板	木	一品清廉	莲花等	青莲谐音“清廉”。寓意居高位而不贪，公正廉洁	剔地线刻
24	楼厅（二）东厢房槛窗绦环板	木	黄金万两	聚宝盆、银锭、铜钱等	寓意来年兴旺，多进财禄	剔地线刻
25	楼厅（二）隔扇绦环板	木	玉堂富贵	喜鹊、玉兰花、松树等	构图不同	剔地线刻

续表

序号	部位	材质	名称	图案	寓意解析	雕刻技法
26	楼厅（二）隔扇绦环板	木	玉堂富贵	喜鹊、牡丹等	构图不同	剔地线刻
27	楼厅（二）隔扇裙板	木	荣华富贵	水芙蓉、牡丹等	莲花别称水芙蓉，蓉与“荣”谐音，与牡丹组合，象征荣华勃发，富足显贵	剔地线刻
28	花厅隔扇绦环板	木	三友图	竹、梅、兰	竹具备四贤（树德、立身、体道、立志），梅具备四德（元、亨、利、贞），兰具备四清（气清、色清、神清、韵清），世人谓之“君子三友”或“岁寒三友”	漆刻
29	楼厅（二）槛窗绦环板	木	万象更新	象形壶、万年青等	象形壶，其足和嘴，分别是象牙和象鼻。它与万年青组合，寓意“一元复始，万象更新”，亦象征时来运转，财源不断	剔地线刻
30	楼厅（二）东厢槛窗绦环板	木	大吉祥	羊、灵芝草等	古时羊与“祥”通，所谓“羊，祥也”，寓吉祥之意	剔地线刻
31	楼厅（二）隔扇裙板	木	三阳开泰	三只羊、山水等	《易经》：“正月为泰卦，三阳生于下。”取其冬去春来，阴消阳长，有吉祥之象，多用作岁首称颂之辞。羊与“阳”谐音，将三只羊组合在一起，便隐含“三阳开泰”之意，象征大地回春，万象更新	剔地线刻
32	楼厅（二）西厢槛窗绦环板	木	麟吐玉书	麒麟、玉书等	典出《拾遗记》：“夫子之生夕，有麟吐玉书于阙里人家。”说是孔子诞生时，有麒麟在他家院子“口吐玉书”，寓意圣人降世。从此，民间便以麒麟比喻仁厚贤德的子孙，例如将人家孩子美称为“麒麟儿”或“麟子”	剔地线刻
33	楼厅（二）槛窗绦环板	木	麟趾呈祥	麒麟、灵芝等	“送子灵兽”。麒麟又有“麟趾”之谓，故旧时民间常以“麟趾呈祥”作为结婚喜联的横额，恭贺早生贵子	剔地线刻
34	楼厅（二）槛窗绦环板	木	大吉	橘子等	战国诗人屈原曾作《橘颂》以称颂橘树，也有人从星象征兆上赋橘以神性。但在民间则多以谐音取意，以橘的品种分别取用。如金橘兆发财，四季橘祝四季平安，朱砂橘挂在床前，祈吉星拱照	剔地线刻

续表

序号	部位	材质	名称	图案	寓意解析	雕刻技法
35	楼厅(二)隔扇绦环板	木	暗八仙	葫芦、扇子、鱼鼓、荷花、花篮、宝剑、笛子、阴阳板等	暗八仙，指八仙所使用的宝物。为仙家之法器，暗喻众神仙的保佑可以趋吉避凶	剔地线刻
36	楼厅(二)西厢槛窗绦环板	木	佛八宝图	法螺、法轮、宝伞、白盖、莲花、宝瓶、双鱼、盘长等器物	是佛教传说中象征吉祥的八件宝物：象征尊佛吉祥、趋吉避凶之意	剔地线刻
37	楼厅(二)砖细墙门	砖	万代盘长	盘长、回纹等	盘长，本为佛家“八吉祥”之一。因其图案盘曲连接，绵延不断，象征寿康永续，无穷无尽，寓“百吉”之意	剔地线刻
38	楼厅(二)槛窗绦环板	木	如意万代	万年青、如意等	万年青、如意组合，寓意“如意万代”	剔地线刻
39	楼厅(二)槛窗绦环板	木	因何得耦	荷花、莲蓬、藕等	荷谐音“何”，藕谐音“耦”，“因何得耦”以莲藕借喻夫妇之偶以及生子不息的意思	剔地线刻
40	楼厅(二)隔扇绦环板	木	凤穿牡丹	凤凰、牡丹等	凤在民间指美丽的女性，牡丹代表富贵，组合后寓意“富贵吉祥”	剔地线刻镂雕
41	楼厅(二)槛窗绦环板	木	寿耋流芳	蝴蝶、兰花等	蝴蝶之蝶与“耋”谐音，耋特指八十岁，比喻长寿。兰花高洁清雅，别称“国香”。由蝴蝶和兰花组合而成的图案称之为“寿耋流芳”寓意神明不衰，清健长寿	剔地线刻

续表

序号	部位	材质	名称	图案	寓意解析	雕刻技法
42	楼厅(二)隔扇绦环板	木	杏林春燕	燕子、杏花	旧时殿试正值二月，杏花盛开之际。燕子，益鸟，春天的象征，代表早春报喜。便称“杏林春燕”，寓意科举顺利，进士及第	剔地线刻
43	楼厅(二)槛窗绦环板	木	吉庆	戟、磬	戟谐音“吉”，磬谐音“庆”，戟上挂磬，即“吉庆”之意	剔地线刻
44	楼厅(二)隔扇绦环板	木	必定如意	如意、笔锭等	如意是器物名，柄头作手指状，用以瘙痒可如人意，故名。后把柄头改成灵芝形，祥云形或龙首形，柄微曲，造型美观，寓意吉利，因此受民间喜爱。笔、锭的谐音“必定”，组合后表示“必定如意”	剔地线刻
45	楼厅(二)厢房槛窗绦环板	木	天从人愿	天竹、灵芝等	亦称天然如意。以天竹和灵芝组合，表达对美好人生的祝愿	剔地线刻
46	楼厅(二)槛窗绦环板	木	和合	荷花、核桃等	荷花中的荷谐音“和”、核桃中的核谐音“合”；组成图案后寓意“和合”	剔地线刻
47	楼厅(二)隔扇绦环板	木	和气致祥	喜鹊、莲花等	喜鹊是吉祥鸟。莲花，别名荷花，荷谐音“和”。由莲花与喜鹊组成的图案，称“和气致祥”，寓意和睦融合，可致吉祥	剔地线刻
48	楼厅(二)隔扇裙板	木	桃红柳绿	桃花、柳枝等	桃花嫣红，柳枝碧绿，形容春天景象绚丽多彩，也表达人们的喜悦心情	剔地线刻
49	花厅西厢房槛窗绦环板	木	招财进宝	车、古钱、火轮等	车上装满古钱，寓意招财进宝，财源滚滚	剔地线刻
50	花厅隔扇绦环板	木	四艺	琴、棋、书、画等	位置、构图不同	剔地线刻

续表

序号	部位	材质	名称	图案	寓意解析	雕刻技法
51	花厅梁枋	木	福禄寿喜	虎、鹿、鹊、兔、鹤、蝙蝠、松树等	虎，素称“百寿之王”。中国古代敬虎为神，常用以“驱妖镇宅，祛邪避灾”。蝙蝠，古有“仙鼠”之称，传为长寿之物。虎、蝠又与“富”、“福”谐音，故均被列为民间福神。兔、鹤作为瑞兽和仙禽，古书称其“寿千岁”，与被称常青树的松都是长寿的象征。鹿，既是“寿千岁”的仙兽，又与“禄”谐音，常寓意福气或官职俸禄。鹊，俗称喜鸟。福禄寿喜是人们对人生幸福的最大向往和追求	浅浮雕线刻
52	花厅梁枋	木	凤戏牡丹	凤凰、牡丹等	飞翔的凤凰和盛开的牡丹构成的“凤戏牡丹”图，寓意喜庆和幸福	剔地线刻
53	花厅轩梁	木	事事如意	狮子、绣球等	传说：雌雄双狮相对时，它们的毛纠缠在一起，滚成球后，小狮出生了，故绣球也被视作吉祥之物。又寓意：雌雄双狮相对、如意云谐音：“事事如意”	剔地线刻
54	花厅隔扇绦环板	木	杂宝	宝珠、犀角、灵芝、方胜、银锭、古钱、玉磬、珊瑚	宝珠象征光明，玉磬表示喜庆，犀角象征胜利，银锭、古钱寓意富有，如意、灵芝寓意吉利，珊瑚象征高贵，书本象征智慧，艾叶可以辟邪	剔地线刻
55	花厅隔扇绦环板	木	华封三祝	佛手、桃子和石榴等	典出《庄子·天地》唐尧游览华封，封守者前来迎接，故有此说。寓意福寿双全，子孙万代	清水线刻
56	花厅槛窗绦环板	木	福寿三多	佛手、桃子和石榴等	佛手、桃子、石榴寓意多福、多寿、多子孙。因此，称福寿三多	剔地线刻
57	花厅隔扇绦环板	木	芝仙祝寿	灵芝、竹、菖蒲、水仙	灵芝、竹、菖蒲，自古被认为食之可以延年，水仙能辟邪除秽。组合之后借谐音和寓意，称“芝仙祝寿”以表达祝颂之意	清水线刻
58	花厅隔扇裙板	木	松菊犹存	松、菊等	松有长生不老之说，菊有长寿花之谓，寓意健康长寿	剔地线刻
59	花厅隔扇裙板	木	竹苞松茂	天竹、松等	天竹，丛生繁密；松，多节永年，遇霜雪而不凋，被赋予常青不老的吉祥含义	剔地线刻
60	花厅隔扇绦环板	木	益寿延年事事如意	菊花、柿子、灵芝等	菊花在古代神话中被赋予长寿的含义。《尔雅翼》载：“柿有七绝，一寿，而多阴，三无鸟巢，四霜叶可玩，六佳实可啖，七落叶肥大可以临书。”“柿”与“事”同音，与灵芝组合，寓意事事如意	剔地线刻

续表

序号	部位	材质	名称	图案	寓意解析	雕刻技法
61	花厅隔扇绦环板	木	富贵常青	松柏、灵芝、绶带鸟等	象征长寿的松柏、灵芝、绶带鸟等组成，寓意富贵常青	剔地线刻
62	花厅隔扇绦环板	木	年年有余	宝瓶、鱼、石榴等	宝瓶比喻平安如意；鱼、石榴多子，寓意子孙繁衍	剔地线刻
63	花厅隔扇绦环板	木	举家欢乐	菊花、喜鹊、翠竹等	菊与“举”谐音，菊花配上喜鹊、翠竹，寓意竹报平安，举家欢乐	剔地线刻
64	花厅隔扇裙板	木	晋爵	古镜、橘子、牡丹和青铜爵、天竹、鹿衔灵芝等	镜，谐音“晋”；爵，本为古代饮酒器，后引申为爵位。寓意加官晋爵，富贵吉祥	剔地线刻
65	花厅隔扇绦环板	木	连中三元	兵器、古钱等	图中一古兵器穿过三枚古钱，古钱内方外圆，圆谐音“元”，三枚古钱即表示“三元”。科举时代称乡试、会试、殿试的第一名分别为解元、会元、状元，若连考连中都得第一名，则称“连中三元”。寓意升官晋爵，一路发达	剔地线刻
66	花厅挂落	木	平升三级	戟、花瓶等	戟为古代兵器，也是官阶武勋的象征，显贵之家常被称作“戟门”、“戟户”。瓶中插三支戟，瓶“平”、戟“级”谐音，意指官运亨通、连升三级之意	镂空雕
67	花厅栏杆	木	吉庆有余	蝙蝠、双鱼、磬等	磬、鱼谐音“庆”、“余”，故称吉庆有余，表示喜事不断	镂空雕
68	花厅隔扇绦环板	木	必定如意	如意、笔锭等	部位、构图不同	剔地线刻
69	花厅隔扇裙板	木	事事如意	狮子、灵芝等	狮子口衔灵芝，狮谐音“事”，表示凡事称心如意	剔地线刻
70	花厅隔扇裙板	木	合欢	合欢花	合欢，叶子暮合晨舒，这一特征与夫妇之义相合，象征婚姻美满，合欢偕老	剔地线刻
71	花厅隔扇裙板	木	和合如意	荷花、核桃、如意等	荷花、核桃、如意组成“和合如意”的图案	剔地线刻

续表

序号	部位	材质	名称	图案	寓意解析	雕刻技法
72	花厅栏杆结子	木	松鼠葡萄	松鼠、葡萄等	松鼠繁殖率极强，葡萄果实累累，寓子孙万代、繁衍昌盛	镂空雕
73	花厅飞罩	木	子孙万代	葫芦等	葫芦为藤本植物，藤蔓绵延，结实累累，籽粒繁多。葫芦蔓“万”谐音，便被视作“子孙万代”的象征	圆雕镂空雕
74	花厅隔扇绦环板	木	萱草忘忧	萱草等	萱草，别称忘忧草，又名宜男，曹植有《宜男花颂》：“花号宜男，既晔且贞。”此外，古时常以萱代母，椿萱喻父母。有孝心的子女，常以“萱”为名	线刻
75	花厅隔扇绦环板	木	八宝葫芦	如意、艾叶、灵芝、葫芦	如意、艾叶、灵芝等宝物与葫芦组成，以示吉祥	剔地线刻
76	四面厅檐枋	木	八宝	麒麟、犀角、珊瑚、祥云	构图不同	剔地线刻
77	四面厅撑拱	木	宜室宜家	核桃、金瓜、石榴等	分别象征和美好合、世代绵长、多子多福，三者组合，寓意夫妻和睦，家庭和顺，子孙繁盛，代代相传	圆雕剔地线刻
78	四面厅檐枋	木	赌华山	戏曲场景	亦称“华山对弈”，出自陈抟与宋太宗以华山作赌注对弈的传说。陈抟，字图南，生于唐末，举进士不第，隐居武当山，服气辟谷，后移居华山，宋太宗赐号希夷先生。著作《无极图》和《先天图》，为宋代理学的组成部分	剔地线刻

（注：编制表格部分参照并整理了《吴江雕刻》之内容，上海科学技术出版社，2005年9月版）

2–5–64]。那些栩栩如生的戏曲人物雕刻，大多集中在厅堂的梁轩上。它们“生动具体的形象语言，再现了时代的民风民俗，反映了人们的意识观念，传递着丰富的文化信息，也表述着严谨的理性思考”[图2–5–65] [24]。

檐下和合窗多用上下两扇固定，中扇用摘钩支撑，窗下内为栏杆，外为雨挞板。它既不同于“浙江民居的窗下通常设矮槛墙”[25]，也不同于“苏州民居的窗下常外为栏杆，内为木板”[26]。窗与栏杆的花结达500余种，主要是牡丹、海棠、水仙、桂花等图案，为透

图 2–5–63　裙板 · 八吉祥图 · 混雕

图 2–5–64　楼厅（二）· 隔扇 · 芝兰玉树图 · 混雕

图 2–5–65　花厅 · 隔扇 · 花卉 · 刊刻

雕作品，从师俭堂的栏杆双面雕刻，可见宅内小木作制作的精细[图 2-5-66]。

师俭堂的建筑，通过雕刻使建筑中的露明构件相互之间取得形象上的贯通，从而装饰了构件，美化了构架，形成了气氛宁静轻巧的居住空间，具有较高的美学价值。宅内各类雕刻与建筑的使用功能巧妙地结合在一起，雕刻风格上融合了江、浙雕刻工艺的精华，起到了建筑庭院中的“造景”作用。

图 2-5-66 大厅 · 栏杆 · 正面

第三章　师俭堂的启示

第一节　强调商用，注重功能的布局定位

师俭堂是一组集河埠、行栈、商铺、街道、厅堂、内宅、花园、辅房于一体的商贾宅第。穿宅而过的宝塔街，是当时繁华的商业街区，368m长的街道两侧聚集了恒孚等7家丝经行、庄恒泰等5家米行以及聚顺黑豆腐总号等30余家各色各样的店铺。民国年间，师俭堂内有12家店铺，大厅为恒懋昶丝经行，其商用功能突出。因此，师俭堂的建筑功能有别于江南传统民居“前店后宅”一般的商业模式。功用不同的六个河埠贴水而建，既体现了江南民居建筑布局的特点，又给这处商贾宅第打上了明显的属性印记。

第二节　张扬显露，追逐潮流的装饰风格

师俭堂的装饰以“三雕”为主，配以磨砖、泥塑、“漆刻”和彩色玻璃镶嵌的隔扇等。雕刻手法有：混雕、剔地、镂空雕、线刻等。工艺处理上“东阳帮”与“香山帮”相得益彰。涉及题材人文特征明显，使师俭堂的建筑装饰既有雍容华贵之风，又不失清新淡雅之韵，追求时代的潮流。

第三节　人神共居，求财祈福的环境意象

与江南其他大型宅第相比，师俭堂建筑规模并不十分巨大，但其建筑形式丰富，不仅有敞厅、花厅、四面厅，还有门楼、走马楼、更楼、密室等。出于宅相原因，第六进的东山墙上镶嵌有“天三”、“参、箕、壁、轸”字迹的石雕辟邪（250mm × 150mm），花厅内专门辟佛室，供奉观音佛像[图3-3-1]。宅内80%以上吉祥如意题材的雕刻图案，构成了人神共居，求财祈福的环境意象[图3-3-2]。

图 3–3–1　花厅 · 佛室

图 3–3–2　东山墙 · 辟邪石 · 阴刻

第四节　中西合璧，多元兼容的建筑文化

师俭堂处在“吴头越尾”的江浙交汇之地——震泽，院落、封火墙、梁架等建筑设计，将江、浙、皖的营造方式有机地结合起来[图 3–4–1、图 3–4–2]。因此，在营造方式上既有地域特征，又有徐氏家族的移民特点，建筑风格上具有一定的兼容性。徐汝福（寅阶）在太平天国时期，曾寓居开埠后的上海，当时逐渐形成的海派风尚，通过各类家具在师俭堂的陈设中得以表现，如玻璃走廊的运用，琴房、国际象棋室的设置等。在建筑材料的选择上，师俭堂巧用当地废弃材料“蚌壳”做防潮层的处理方式，在内宅部分使用玻璃与混凝土等。这为我们如何因地制宜地利用地方建材，如何在建筑理念上推陈出新，建造既实用又美观的住宅提供了借鉴意义。

钮经园，这个占地仅半亩有余的袖珍园林，将花厅、四面厅、藜光阁、假山、亭子、曲廊等多个元素有机地贯穿在一起，而“利用假山之起伏，平地之低降，两者对比，无水而有池意”的造园手法更是少见。它给我们如何根据建筑环境、因地制宜地设计建造园林提供了范例。此外，师俭堂重建时“五口通商”已有20年，受对外商贸的刺激，许多农耕时代的社会结构已经发生了深刻的变化，作为这个特殊阶段的文化载体，师俭堂具有重要的历史、科学、艺术价值。当时的社会生活，特别是我国资本主义萌芽阶段的商业形态，江南地区工商绅士行商坐贾的时代特征，通过师俭堂的建筑格局和使用功能得以充分体现。正是拥有了上述诸多特别之处，师俭堂才在众多的江南古民居中独树一帜。

图 3–4–1　楼厅（二）· 更楼

图 3–4–2　师俭堂 · 封火墙

第四章　师俭堂的价值与修缮过程

第一节　江南商贾文化遗产的典型代表

震泽镇是江苏省历史文化名镇，地处“湖丝”产区中心，临近太湖，又有京杭大运河支流頔塘河为动脉，水陆交通便利，商业繁盛。明末清初，震泽镇商业已初具规模，清中期，震泽丝市崛起，蚕丝业的迅猛发展带动全镇商业的繁荣昌盛，当时，震泽的丝市和盛泽的绸市、同里的米市已名闻遐迩。民国时期，震泽已经成为吴江西南部丝业、粮油业和山地货业的集散中心，镇区形成东、西、南、北、中5市。20世纪80年代费孝通把吴江的小城镇作了分类，界定震泽镇是农副产品集散地，是闻名的“商贾中心”。

晋凿頔塘，頔塘是穿越镇区的市河，镇区四周遍布水网，震泽逐渐成为民船、商船的集散中心。镇区也依托市河形成一河两街，一街两岸的格局。

位于頔塘河之北的宝塔街，历史上就是震泽镇最繁华的商业街区。千年古刹慈云寺位于东端，重建于清同治三年（1864年）的师俭堂，则在西端以“仁里坊”为界占据了当时的商业黄金地段，其内恒懋昶丝经行等自营或出租的商铺，反映了晚清江南工商绅士行商坐贾的时代特征。

第二节　师俭堂的修缮是震泽古镇保护的重要支点

师俭堂的修缮结合慈云寺塔周边环境的整治，以此为支点，激活宝塔街的传统商业、旅游及休闲功能。在建筑文化方面，通过清理“拱券门、老街、宝塔”、“慈云夕照”等珍贵的地标性景观周边的不协调建筑，使其构成古镇独特的风格与合理的城镇布局。

第三节　师俭堂是我国社会转型时期经济发展的见证

师俭堂重建时，清代的五口通商已有20年，受对外商贸的刺激，许多农耕时代的社会结构正发生着深刻的变化。徐氏以经营进出口贸易起家，其家族的兴衰透过师俭堂的建筑布局和使用功能得以体现，凸现了江浙地区资本主义萌芽时期的商业形态——坐商。

第四节　修缮师俭堂的主要过程

2001年2月，吴江市文管会办公室组织师俭堂修缮方案设计的工作。2001年5月，师俭堂一期修复工程获得吴江市计划委员会立项。2001年8月，震泽镇政府成立师俭堂修缮领导小组，下设修缮办公室。修缮办公室负责搬迁居民和烟酒批发公司，并对其中的私房进行房屋置换。2001年11月，省文化厅对《师俭堂一期修复工程方案》进行批复。2002年8月，省文化厅对《师俭堂二期修复工程方案》进行批复。2001年8月，修缮工程启动，由吴江腾龙建设集团负责施工，师俭堂修缮办公室负责建筑材料供应。施工模式是“单包”形式。2003年7月，由上海历史博物馆设计的《吴江市震泽师俭堂展示陈列设计方案》通过省文物专家组的论证。2003年9月，上海历史博物馆开始对师俭堂进行复原陈列工作，2003年12月师俭堂陈列工程竣工。2004年4月，修缮后的师俭堂对外开放。2005年6月，师俭堂第一、二期修缮工程通过江苏省文物局的验收，工程维修质量达到优良等级。

第五章　师俭堂修缮前的残损调查与相关定位

第一节　师俭堂修缮前使用情况

师俭堂，主人徐汝福，号寅阶（1838–1875 年），震泽人，清同治礼部郎中，经营进出口贸易、米业与丝经业。民国间，传至重孙徐启丞时，临河第一进为米行，临宝塔街的铺面均出租，第四进大厅师俭堂为恒懋昌丝经行，第五进楼厅出租给“泰丰”丝经行。其余房屋为居住使用。1971 年师俭堂没收为“公管”房产，由房管所出租给 37 户居民居住。1983 年政府落实政策，将第六进楼厅西部 100m² 退还给业主，余者仍为当地居民租用[图 5–1–1]。

图 5–1–1　师俭堂 · 屋面 · 修缮前状况

第二节　师俭堂修缮前残损状况

师俭堂由东、中、西三路建筑组成：东轴：河码头、铺面—宝塔街—藜光阁—半亭、假山、曲廊—四面厅、梅花亭—花厅、后天井、河埠；中轴：河码头—仓库—铺面—宝塔街—门厅—大厅—楼厅（一）—楼厅（二）—后天井—河埠；西轴：河埠、铺面—宝塔街—铺面、辅助房、备弄—走廊—厨房—杂屋—柴房等。中轴前后六进（其中街南两进，街北四进）均为五开间。每进之间有石板或水泥铺地的庭院或天井，路与路之间设置备弄、封火墙。门厅有木雕门楼，宅内三进有砖细墙门；6座河埠贴水而建，其中商用、公用各1座，家用4座。目前，临颇塘河3座继续使用，其余已经废弃。

一、修缮前中轴状况

第一至二进，现为铺面、仓库。“走马楼”形式，进深六界。占地面积328.63m²，建筑面积601.59m²[图5–2–1]。大木构架完整，梁桁挠度偏大、椽头朽烂，楼板槽朽严重已经无法承重。楼下地面改为水泥地、河埠局部坍塌、临河及瞎眼天井的槛窗被拆除，封火墙残损严重。第二至三进之间的宝塔街路面，改为水泥路面。

第三进铺面位于街北，由供销社生产资料商店批发部使用。两层楼，进深六界。占地面积196.51m²，建筑面积332.66m²。临街南面为木雕门楼，北墙面为第四进的砖细墙门。现门楼的梁枋雕刻模糊不清[图5–2–2]，墙门的砖斗栱、垂花篮等构件无存，砖雕部分损毁严重。楼板槽朽严重、东侧两间被用户改造[图5–2–3]。楼下地面改为水泥地、临街排门板改成弹簧门，漏窗、槛窗的50%面目全非，室内隔板、楼梯被改造挪位[图5–2–4]。

图5–2–1　米行 · 立面

图 5–2–2　门厅 · 立面

图 5–2–3　铺面 · 楼板

图 5–2–4　门楼 · 垛头

第四进大厅为“敞厅”，由供销社用作酒类仓库。进深九界，系“明三间带两厢”格局。占地面积280.87m²，建筑面积332.66m²。南向：西厢房地面以上建筑损毁[图5–2–5]；外檐部分，除东厢房有一樘和合窗外，其余改成砖墙[图5–2–6]；藻井、漏窗、屏门无存。北向：部分檐桁、槛窗被烧毁或朽烂严重，屋面濒临坍塌[图5–2–7、图5–2–8]；地面大部分改为混凝土预制楼板，东尽间的木地板局部塌陷，地面以下情况不详。

第五进楼厅（一）由11户居民居住，进深八界，为三合院形制。占地面积441.54m²，建筑面积721.48m²。楼下：隔扇、牛腿上雕刻精美的山水、神话人物的头颅大部分在”文革”中被砍掉[图5–2–9]；西厢楼的槛窗、栏杆、裙板改为砖墙[图5–2–10]；东次间屋檐下牛腿朽烂严重，屋面局部坍塌[图5–2–11]。内部原有的屏门、隔扇、东部楼梯、木地板被拆除。地面方砖残损严重，局部改为水泥地。楼上：原有的木隔断被随意改造挪位，楼板局部磨损、油漆剥落，墙面被熏黑。门额为“慎修思永”的砖细墙门，其兜肚、字牌的雕刻被住户所搭的厨房遮盖，屋面构件损毁[图5–2–12]。

第六进楼厅（二）由9户居民居住，进深八界，为三合院形制。它与第五进上下以厢房贯通，形成“走马楼”格局。占地面积430.39m²，建筑面积667.48m²。楼下：室内的木隔断、屏门，被改造挪位（其中6扇无存），部分隔扇的雕刻“窗芯”被盗。地面：地砖、地板保存完整，局部有轻微损坏。门额为“公俭维德”的砖细墙门局部损坏，现庭院内有三间简易房，一道南北向围墙，是住户在1979年拆除了原有的玻璃走廊后搭建的[图5–2–13]。更楼：在“文革”时期被拆毁，仅剩花岗石地面。西侧密室（相当于今保险库）的地下情况不明，原有的石库门被改造[图5–2–14]。

图5–2–5　大厅·西厢房

图5–2–6　大厅·东南向

图 5-2-7 大厅 · 后屋檐及厢房

图 5-2-8 大厅 · 前檐 · 转角

图 5-2-9 楼厅（一）· 转角处

图 5-2-10 楼厅（一）· 西厢

图 5–2–11　楼厅（一）· 庭院

图 5–2–12　楼厅（一）· 墙门

图 5–2–13　楼厅（二）· 庭院

图 5–2–14 楼厅（二）· 石库门

二、修缮前东轴状况

街南为二层临街铺面，占地面积 60.00m²，建筑面积 68.00m²，街北为师俭堂的花园，名为“钼经园”，由 5 户居民居住。占地面积 428.86m²，建筑面积 301.93m²。由藜光阁、假山、亭子、曲廊、四面厅、花厅等单体组成。师俭堂三面环水，园中无水池构筑。花厅为园内的主体建筑，南北向，占地面积 135.16m²，建筑面积 217.88m²，三间两厢形式，进深六界[图 5–2–15]；楼下西侧后辟耳房，为“佛室”；木楼梯位于东隔扇之后。小木作：雨挞板则为可“脱卸式”活动板。室内飞罩由黄杨木雕刻而成，隔扇的雕刻有木雕、漆刻两种做法。西山墙有一幅《墨梅》壁画。花厅天井南面为四面厅，占地面积 21.00m²，建筑面积 21.00m²，卷棚歇山顶，四周由 32 扇长槛窗和坐槛围护。厅西南，以中轴山墙为壁筑湖石假山，上建半亭。与楼厅（一）相连处建梅花亭。厅东侧向南，由曲廊上藜光阁，藜光阁下西墙开石库门通大厅。园内有桂花、广玉兰、木樨香等植物。花厅：部分隔扇无存，壁画表面局部被石灰水覆盖。飞罩部分构件被拆除，和合窗、雨挞板有朽烂现象，花厅后天井内原有一块珍贵的太湖峰石在 1971 年被移到杭州，至今下落不明。四面厅：藻井上原有木雕花篮被拆除，西侧的隔扇改成砖墙。藜光阁：在 1947 年被烧毁，遗存的方砖地面依稀显现出原有的平面布局[图 5–2–16]。梅花亭：地面以上部分在“文革”后期被住户改成厨房，原有的建筑轮廓已经面目全非[图 5–2–17] 。半亭：柱脚朽烂、屋面局部塌陷、山墙处开了一个门洞，破坏了原有的景观。曲廊：屋面大部分坍塌，地面局部塌陷[图 5–2–18、图 5–2–

图 5–2–15　花厅 · 厢房

图 5–2–16　藜光阁 · 地面

图 5–2–17 梅花亭（注：黑白照引自《老房子》，为 1993 年时状态）

图 5–2–18 曲廊 · 北向

图 5-2-19　曲廊·南向

19]。以上建筑，室内楼上地板、楼下方砖地坪保存完整，部分有碎裂现象；出檐椽大部分朽烂、屋面局部渗水严重。

三、修缮前西轴状况

街南、北临街为二层铺面，其余为平房。向北依次为：辅房、厨房、杂屋，杂屋西侧厢房通斜桥河街，东为备弄与中轴相连，后天井内的柴房，临藕河街（原为藕河）。以上建筑现有12户居民居住[图5-2-20]。占地面积442.98m²，建筑面积458.04m²，开间二到三间不等，进深六到七界，硬山顶，为“圆堂”做法，构筑简洁朴实。梁架、柱子用料规格偏小，保存相对完整。原有门窗仅剩4扇，其余均已面目全非，破败不堪[图5-2-21～图5-2-23]。

综上所述：由于年久失修，师俭堂的屋面渗漏严重[图5-2-24]，所有屋脊、脊饰、封火墙残损率达90%。大木结构的出檐部分损毁严重。小木作出现油漆有失光或后期遭覆盖的现象。隔扇窗的明瓦几乎损坏殆尽。目前，街南铺面、仓库，街北门厅、铺面、大厅已变成危房濒临倒塌。作为界定这处历史文化遗产环境特征的藕河、斜桥河，在20世纪50年代被填，演变成如今的藕河街、斜桥街[图5-2-25]。而河道两旁的建筑也失去了原有“枕河人家”的风貌[图5-2-26、图5-2-27]。①

① 详见附件三：《师俭堂残损情况调查表》。

图 5—2—20 厨房

图 5—2—21 杂房 · 槛窗失存

图 5—2—22 杂房 · 柱子 · 残损

图 5–2–23　西轴屋面 · 残损

图 5–2–24　花厅 · 屋面渗水

图 5–2–25 师俭堂 · 外环境

图 5–2–26 师俭堂 · 北部外环境

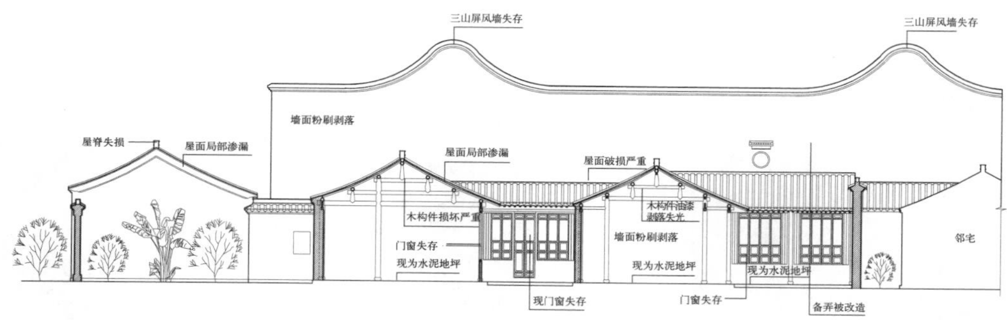

图 5—2—27　修缮前西轴下房剖面图（测绘）

第三节　残损原因分析

解放后，师俭堂一直为商业部门、居民使用。由于经济和产权上的原因，长期得不到有效的维护，致使破坏现象屡有发生。内部 37 户人家“三线”（电线、电话线、有线电视网络线等）乱拉乱接现象特别严重 [图 5—3—1]，居民用火煤炉、燃气共存，是火灾隐患所在。经济和社会因素造成的人口外流，使得一些房屋闲置，年久失修。管理与维修不当，当地居民文物保护意识淡薄，造成了文物本体的毁坏。

图 5—3—1　楼厅（一）·“三线”乱接

第四节　修缮工作所面临的主要问题

一、原有的承重体系无法满足使用功能的需要

师俭堂的前三进楼板厚度35～45mm不等，搁栅的间距在800～1000mm之间，以前主要用于货物堆放或居住。修缮后将辟为茶楼和展厅使用，楼面的动荷载增加，因此，要采取相应的楼板加固措施，满足其使用功能上的改变。

二、部分精华建筑已经损毁

师俭堂已有140余年的历史，无任何相关的修缮记录，花园中的藜光阁、梅花亭，大厅西厢房、更楼只遗存地面轮廓和墙面上残留的榫口和粉刷痕迹。“文革”时期人为的破坏，致使建筑群中的砖木雕刻的人物大部分被“砍头”。调查时找不到相应的修缮依据，因此，增加了文物修缮的难度。

三、一些传统建筑材料的加工工艺失传

师俭堂，除了楼厅采用部分的进口玻璃镶嵌窗扇外，大部分窗扇以明瓦镶嵌为主。但是，目前这种传统的建筑材料加工工艺已经失传。因此，只能对现有的几扇明瓦窗予以整修保留，其他保持现状[图 5-4-1]。

图 5-4-1　楼厅（一）· 明瓦 · 窗扇

第六章　师俭堂修缮工程方案

师俭堂是不可再生的历史文化遗产。保护好师俭堂，尤其要注重保存、揭示弘扬这一建筑遗产中的历史信息，以可持续发展的思想为指导，立足于其历史、艺术、科学价值对后代的传承。因此，要注重近期保护上的高品位与艺术性的旅游开发的互动与双赢。

第一节　修缮原则、设计依据与修缮范围

一、修缮原则

（一）真实性

坚持“不改变文物原状”的原则。在不影响牢固的情况下，最大限度地保存历史信息、保存遗留构件，当原状有可能复现时，恢复原状；在原状不够清晰时，尽可能接近原状；在原状无法确定时，根据实际情况保存现状或根据使用需要设计，但予以说明和表达。

（二）整体性

修缮时要注重与宝塔街的协调，尽可能保存与恢复当地清同治中兴时期商贸繁盛的街区与地域特征。

（三）安全性

根据“有效保护，合理利用”的要求，对某些构件进行加固、补强。如：原来用于居住、存储货物之用的楼面，现拟辟为展厅，静荷载由1.5kN/m^2增至3.0kN/m^2，为此对结构需作验算，不足之处在尽量保持古建筑原构件形制与尺度的前提下予以加固、补强。需要强调指出的是，修缮古建筑不同于新建，也不同于修缮普通民宅，大量工作还有待于在施工中调查、调整，不宜限期竣工，影响工程质量。

二、修缮的设计依据与修缮范围

——《古建筑木结构维护与加固技术规范》(GB 50165-92)；

——《文物保护工程管理办法》；

——东、西、北至界墙，南至颃塘河；

第二节　师俭堂的修缮项目

一、地面与楼板

根据现场勘测，建筑群各主要厅堂地面均为方砖铺设，两厢采用木地板，规格：350mm×350mm、400mm×400mm、330mm×330mm等。施工时，沿轴线方向清除室内水泥地面，确定原有地面标高。按原样清理整修龙骨，修配龙骨间的“蚌壳”垫层，充分发挥其吸湿、防潮的功能。铺设、整修木、砖石地面。

前三进的木楼板已无法承重，后三进木楼板保存较好；师俭堂的地板为密肋楼板，残损程度差异较大，尺寸也有变化。楼板厚度，从破损处测量35～45mm不等，跨度在800～1000mm之间。计算假定楼板是简支在木肋上的木板。木肋按简支梁计算，设计断面尺寸间距不大于600mm，满足强度要求。因此，采用更换、修配木楼板的办法，提高楼板的承载力及整体性。

二、屋架与斜撑

前三进建筑及辅助用房的屋架局部有的歪闪、破损，因此，卸瓦后需打茆拔正，逐一检查木构架之间的榫卯部位，脱榫处要进行加固处理。特别要注意埋置在墙身部分的木柱，对腐朽、虫蛀等需要更换，凡与墙体接触的木构件，安装时刷水柏油二度防腐。

斜撑、牛腿，部分下挠、脱榫严重，有的导致屋面坍塌。据受力计算分析：其抗剪指标不能满足要求。施工中在不改变其原有风貌的前提下，隐蔽处用$\delta=8$mm钢板进行加固处理以改善其现有的受力状态。

三、门楼与门窗

木雕门楼梁枋雕刻已经风化损坏，用临摹手法复制两块银杏木雕刻花板（厚40mm）镶贴在原梁枋的表面。这样，既不破坏原构件，又使原有浮雕《刘备招亲》、《状元及第》、《三圣庆寿》等戏文故事画面得到再现，使之“生命更生”。其他三座砖细墙门的砖雕兜肚、上枋、下枋的人物头部，字牌上的字迹被凿掉，仅剩轮廓。无法判断其原有人物的面部表情以及工艺做法，在修缮依据不充分的情况下保持现状。屋面、斗栱、挂落、荷花头等砖雕构件按原工艺进行修补。

师俭堂楼上的门窗、栏杆等前三进保存情况较差，庆幸的是部分房屋尚保存一些原构件，给修缮设计提供了参考依据。设计要求：根据原有榫眼，参照原构件式样，修配临街的排门板及内部的隔扇、槛窗、和合窗、栏杆、裙板、屏门、隔断、飞罩等木构件。根据现存的门环、门钩、灯钩式样，建议在专业厂家补配相关的小五金配件。

四、墙体

师俭堂的外墙裙，由花岗石、青石砌筑，墙身为430～470mm厚的空斗墙，除前二进山墙向外倾斜、竖向有裂缝外，大部分保存较好。因此，对前二进山墙，先设法观测裂缝是否还会发展？裂缝是否由基础沉降引起的？如果裂缝不再加大，说明受力已经相对稳定，只要对其进行修补即可；否则，要对基础进行相应的加固或者通过构造措施加强其安全性。拱券门：参照东侧券门形制以及西侧券门残留的遗迹，重修“仁里坊”过街券门。室内：拆除后期添加的隔墙、修补第四、五进的磨砖墙面。

五、屋面

卷棚部分有些在测绘前已被拆除，根据原有残留的榫口、痕迹，设计参照师俭堂内其他卷棚、轩廊的形制进行修复。

根据现有屋面荷载情况，采用反推法按《木结构设计规范》验算桁条、椽木的抗弯、抗剪性能，变形指标。材料选用老杉木、强度标号TC11。计算结果显示，椽径d=80mm的断面，间距在240mm内可满足强度条件。考虑出檐椽残损率在90%以上，建议在施工时，逐根检测，不能使用的要按原样复制。为了加强屋面的抗渗漏性能，在望板或望砖上加铺塑胶板防水层。按现存的遗迹修复屋脊、封火墙、屋檐的铁皮排水管。

六、粉刷与油漆

对于局部剥落的外墙面，按原样修补。厅堂：草架以上不油漆，露明木构件以明光广漆为主，梁下端柱顶以下部位用退光广漆（披麻捉灰）修补。楼厅（一）脊桁上的“溜金漆”被涂盖墨水，有些门窗表面被涂上调和漆。设计要求：清除表面调合漆，判断为原有油漆的，先用适量碱水及清水两道洗去油污，施清油加以保护；难以修补的参照门窗原有油漆做法，重新油饰。修配木构件参照原有相同功能的构件颜色油漆，但不宜做旧。辅助房屋木构件刷桐油保护。花厅内西山墙的“墨梅”壁画，请相关专业部门进行清理、修复。

七、给排水、照明与消防

（一）给排水与照明

疏通阴沟、雨水井等原有的排水管道，根据需要埋设相应的给水管道。

根据师俭堂“灯钩”分布情况，摸清原有照明线路的铺设走向。结合陈列设计的要求，以不破坏原建筑结构和不影响古建筑风貌为原则，采用明暗结合的方式，穿PVC管进行铺设安装。

（二）消防

师俭堂是不可移动文物，一方面是木结构火灾隐患大，另一方面又不可能按现代公共建筑那样安装自动喷淋的消防设施，因此提出几点修复建议：

1.充分发挥建筑群原有封火墙、院墙的防火作用；

2.消防管道要埋入地下和墙内，消防栓的设置以室外安装为主，尽可能地少破坏建筑原有风貌；

3.设置火灾、烟雾报警系统，设置防火疏散的引导性标志。

八、防腐防白蚁及其他

拆除构件后，要请专业部门对建筑群全面进行防白蚁处理，对于新配建筑材料预先做好防蚁防腐处理，确保“健康入住”。

由于修缮后的师俭堂是对外开放的公共场所，因此，在后天井隐蔽处，添建一座厕所。调查时有些居民尚未搬迁，一些内部结构无法详细测绘。因此，有许多不可预见的因素有待在施工中根据实际情况进行调整。

第三节 师俭堂修缮施工说明

一、施工指导思想与工程质量目标

根据本工程的特点，科学管理、严格要求、文明施工、采用先进的施工手段，集中古建筑技术精湛的施工队伍，根据国家标准、规范，围绕“质量、工期、安全、文明施工”四大目标，完成施工任务。

确保合格工程，创造优质精品。确保全部工程3年内（834日历天）完成。杜绝重大人员伤亡事故和重大机械安全事故，轻伤频率控制在1%以下。工程按标准化要求全面实施，争创吴江市安全文明施工达标工地。

二、现场施工条件与材料供应方法

施工现场居民大部分已经搬迁，场地四周围护、场内外道路基本畅通，施工用水、电已接至现场。目前，基本满足施工条件。本工程所用的建筑材料由建设单位采购供应。

三、结构形式与装饰做法

基础：砖石柱基及条基，石灰砂浆MU10实心青砖砌墙基。主体：框架结构为木结构，MU7.5标准实心青砖砌筑。屋面：木檩条上钉木椽子，铺望砖（或望板）、胶塑板上铺小青瓦。墙面：外墙面为石灰砂浆粉刷，12厚1∶2.5石灰砂浆打底、8厚1∶2.5石灰砂浆粉面；内墙采用纸筋（麻刀）石灰粉刷。地面：楼下室内为400mm × 400 mm方砖、300mm × 300mm方砖、青砖及木地板地面；楼下室外为600mm × 800mm × 80mm花岗岩石板。石作：建筑前后檐锁口石、柱础石、侧塘石等均为剁斧，花岗岩材质。门窗：采用优质木材制作。油漆：木结构根据具体情况采用“广漆”（退光二至四遍不等）、熟桐油二遍。屋面：小青瓦屋面揭顶修缮。

四、修缮施工顺序与工期

为了达到如期交工目标，针对本工程的结构特点和工艺要求，在保证工程质量及安全的前提下，采取合理措施制订单位、单项工程的施工周期，为此，作以下安排：

（一）拆除工程

进场后先清理、拆除建筑群内后期搭建的违章建筑，然后按编号顺序拆除已损坏的建筑构件。

（二）修缮工程

待阶段验收后，即进入主体结构的修缮施工。整个工程分两个施工段，形成基本均衡连续的流水操作。木结构、砖石作同步进行[图 6-3-1]。

图 6-3-1 施工中的门厅

（三）屋面及装饰工程

屋面与装饰工程采取平行施工，充分利用作业面，用多工种立体交叉作业方式，使施工阶段的各工种能紧密衔接。

（四）施工顺序

清理→放线→复核→编号拆除→主体结构→木结构工程→屋面工程→地面工程→装饰工程→清理、竣工待验。

（五）安装工程

组织专业施工队，主体阶段施工时，随工程进度作相关的预埋工作，装饰阶段在工程有关分项工程之间进行交叉施工，紧密配合。

（六）工期

计划从2001年12月18日开工－2003年12月30日竣工，施工工期834天。具体安排见表6－1：

师俭堂修缮工程施工进度表 表6–1

序号	单位、单项工程项目	时间
1	施工准备	2001.9.18～2001.11.18
2	第一、二进修缮工程	2001.11.18～2002.4.10
3	第三进修缮工程	2002.4.10～2002.11.2
4	第四进修缮工程	2002.11.2～2003.3.10
5	第五进修缮工程	2002.3.10～2003.7.10
6	第六进修缮工程	2003.7.10～2003.12.25
7	辅助房屋修缮工程	2003.10.31～2003.12.25
8	花园修缮工程	2003.6.31～2003.12.30
9	水、电、油漆、消防安装工程	2002.5.10～2003.12.30
10	扫尾、清理工程	2003.10.31～2003.12.30

第四节 施工方法

本工程为古建筑修缮项目，施工时必须按照《古建筑修建工程质量检验评定标准》进行验收，并做好木构件的防腐、防虫、防火工作。本工程周期长，施工时季节气候变化异常，应随时了解天气变化情况，提前做好各种准备工作。

一、定位放线与施工测量

根据施工总平面图和建设单位提供的水准标高，用经纬仪和钢尺将主要轴线引至附近固定建筑上标明，加盖保护，以便施工时测量和复核。由于本工程是古建筑修缮工程，大量的测量工作要在施工中配套进行。其平面轴线的控制、垂直度和标高控制要符合施工验收规范。

二、木结构工程

木作是古建筑的重要部分，其好坏直接影响工程的质量和使用寿命，因此施工中要特别重视。木作包括大木作和小木作。

（一）准备工作

要熟悉建筑构造，了解每个构件与其他构件的相互关系；要熟悉各种木构件的权衡尺寸以及榫卯的构造。

（二）备料

根据设计要求，以“进”为单位开列出各种构件所需材料的种类、数量、规格方面的“料单”，供给甲方进行采购或进行加工，料单要列具体项目。另外备料要考虑“加荒”，其毛料要比实用尺寸略大一些，以便砍、刨加工。

（三）进场验料

对进场的材料要检验有无腐朽、虫蛀、节疤、劈裂、空心以及含水率大小，大木构件含水率<25%，小木构件含水率<18%。

（四）材料初加工

对进场材料即荒料加工成规格材。梁、枋等矩形断面构件加工应先将底面刨直顺、先平面然后再加工侧面，柱槽等圆形构件的初加工是取直、砍圆、刮光，传统的方法是放八卦线。其他如垫板、飞椽、望板等要先加工成需要的规格，然后按类别码放整齐，以备画线制作。

（五）画线

将构件的尺寸、中线、侧脚、榫卯位置和大小形式等用墨线表示出来。画线时先明确所画的构件在建筑上的位置，再确定榫卯的方向和形状，特别要注意转角处的构件，线画好后必须将位置在构件上标写清楚，以便安装时对号入座。

（六）大木构件的加工与安装

根据木件的画线进行加工，加工时注意榫卯的松紧要退返，尺寸要准确，枋子榫卯制作应采用付退方法，确保连接紧密[图6–4–1、图6–4–2]。大木构件安装前先核对构件

图6–4–1　大厅抱厦藻井榫口

和柱础的尺寸，摆放草验，并召集有关工种进行商量，确定安装方案工种配合和工具。安装时应遵循以下规律："对号入座，切记勿忘。先内后外，先下后上。下架装齐，检验丈量，吊直拨正，牢固支戗。上架构件，顺序安装，中线相对，勤校勤量。大木装齐，再装椽望，瓦作完工，方可撤戗。"个别支戗有碍瓦工作业时，应与有关人员商议，得到允许后方可撤去或变换支戗位置[图 6-4-3、图 6-4-4]。

图 6-4-2　修复中的大厅抱厦藻井

图 6-4-3　楼厅（一）施工现场

图 6-4-4　楼厅（一）外檐施工现场

（七）小木作制作与安装

1.槛框的制作与安装

制作时，主要是画线和制作榫卯，在正式制作槛框之前，由于大木结构是原结构，因此要对建筑物的明、次、梢各间尺寸进行一次实测，量准原有的榫眼，以便准确掌握误差情况，在画线时适当调整。槛框的制作和安装，往往是交错进行的。一般是在槛框画线工作完成之后先做出一端的榫卯，另一端将榫锯解出来，先不断肩，安装时，视误差情况再断肩。安装程序：下槛（包括安装门枕石在内）→门框和抱框（安装抱框时，要进行岔活。即将备好的抱框半成品贴在柱子就位、立直，用线坠将抱框沿进深和面宽两个方向吊直。然后将岔子板一叉沾墨，另一叉抵住柱子外皮，由上向下在抱框上画墨线。内外两面都岔完之后，取下抱框，按墨线砍出抱豁。岔活的目的是使抱框与柱子贴紧贴实，不留缝隙。同时由于柱子自身有收分柱外皮与地面不垂直，在岔活之前，应先将抱框里口吊直，然后再抵住柱外皮岔活，既可保证抱框里口与地面垂直，又可使外口与柱子吻合，岔活的作用就在于此。抱框岔活后，在相应的位置剔凿出溜销卯口，即可进行安装。岔活时应注意保证槛框里口的尺寸。在安装抱框、门框的同时安装腰枋。）→中槛→上槛→短抱框、横披间框等件→连楹、门簪（装隔扇的槛框下面还可以安装单楹、连二楹等件）。其余裙板等构件的安装依次进行。槛墙上榻板的安装须在槛框安装之前进行[图 6-4-5]。

图 6-4-5 厨房槛窗安装就位

2.隔扇、门窗的制作与安装

由于隔扇边梃很厚，应在制作时考虑分缝大小，并留出油漆地仗所占厚度。另外，由于隔扇、槛窗关闭时是掩在槛框里口，而不是附在槛框内侧，所以，上下左右都无须留掩缝；相反，扇与槛框之间要适当留出缝路，以便开关启合[图 6-4-6]。大门的安装：由于石库门的边梃很厚，如两扇之间分缝太小，则开启关闭时必然碰撞。因此，在安装前也必须将分缝制作出来，分缝须在安装前做好，安装以后如不合适还可以调整 [图 6-4-7]。

图 6–4–6　米行窗扇裙板安装

图 6–4–7　米行窗扇安装后内景

3.栏杆、牛腿的制作与安装

制作构件之前，首先要对各间的柱子原有榫口进行准确地实测，以掌握实际尺寸与设计尺寸之间的误差，制作时可根据实际情况适当调整尺寸。由于是古建筑修缮，为了安装时操作方便，将其制成半成品，比如栏杆的望柱与檐柱间相结合的面是凹弧形面，安装时需要抱豁。在制作栏杆时，横枋与望柱之间榫卯入位时先不要抹鳔胶。将栏杆的半成品运抵现场后，用长木杆搯量柱间的实际尺寸画在栏杆上，以确定望柱外侧抱豁砍鏨的深度。砍好后将望柱退下来，进行砍抱豁、剔溜销槽等工序的操作。然后再抹鳔胶，将望柱与栏杆组装在一起，在柱对应位置钉上溜销，用上起下落法安装入位。楣子与柱子接触面较小，可直接搯量尺寸，过画到楣子上，稍加刨砍整修即可进行安装。安装所有栏杆、楣子都必须拉通线，按线安装，使各间栏杆的高低、出进都要跟线，不允许高低不平，出进不齐的现象出现[图 6-4-8]。

图 6-4-8　楼厅（一）牛腿修配安装

4.木构件防腐

本工程木作构件应选用老杉木，含水率控制在12%以内，用杀灭菊脂掺煤油做好防腐、防虫措施；与砖面接触处刷水柏油二度，预防墙体内的木构件长期处于潮湿状态而腐朽。

三、砖细工程

施工准备→测量构件实际尺寸→砖料（雕刻）加工、配置→安装→修整清理。

（一）施工准备

先根据设计结合测量构件实际尺寸准备规格合适的方砖，搭棚防雨、架空风干。在干砖中，选择色泽与现存砖细构件一样或者接近的边角整齐、表面细腻、无砂眼及粗粒的砖。按设计要求确定砖的块数、规格，据此下达砖加工计划书和任务书。

（二）加工制作

根据翻样及加工任务书进行加工。顺序：粗刨→细刨→磨光→找平→锯刨边→刨线脚（雕刻）→磨平缝→背后开槽做勺口。加工好的砖块应逐块编号，以便安装。

图 6–4–9　楼厅（二）墙门修缮现场

（三）安装调整

先根据设计要求及现存原构件的翻样，开好皮数杆，安装时立好皮数杆，拉好线，然后按编号逐块安装。线要拉紧，砖细边楞依线，接逢处披油灰。两砖挤紧，缝小于1mm砖背离粗墙约8～10mm，里面灌浆。安装完成后进行检查，对砂眼、缝道处，用砖药补磨对缝，再将油灰用竹篦补嵌，达到美观，然后用水冲洗干净（注意：嵌缝用油灰一定要新鲜）[图 6–4–9]。

四、地面工程

（一）方砖铺地

铲除原有水泥地面→整理原有蚌壳垫层→修整原有地龙骨→室内地面可按平线在四周墙上弹出墨线，其标高应以柱顶盘石为准→廊心地面应向外做出“泛水”→冲趟→样趟（注意：每行刹趟后要用灰“抹线”。砖应平顺，砖缝应严密。）→上缝→铲齿缝→刹趟→打点→墁水活、擦净[图 6–4–10]。

（二）木地板与楼板

（1）检查原有地板是否有朽烂的现象→编号拆卸木地板→整理原有蚌壳垫层→

图 6–4–10　花厅"蚌壳"防潮层

图 6–4–11　大厅屋面揭顶修缮现场

修整原有地龙骨→将木地板整理安装归位。(2)检查原有楼板是否有朽烂的现象→编号拆卸木楼板→对其搁栅的承重强度进行逐根检验→用铁件进行补强→归位安装木楼板。

五、屋面工程

分中、号垄、排瓦当→瓦边垄→栓线→做屋脊→铺望砖（或者望板）→铺胶塑板防水层→铺底瓦→铺盖瓦→铺花边、滴水瓦[图 6–4–11] 。

六、装饰与其他工程

（一）抹灰工程

检查古建筑群现存的粉刷面，清理其表面的灰尘、污垢并洒水湿润。检查基体表面的平整度，进行挂线并作出相同抹灰层砂浆厚度标志。检查门窗位置是否正确，与柱墙的连接是否牢固可靠，发现问题及时纠正。预先备料。砂子要过筛，不得含有杂物、土块，石灰膏的熟化时间不得少于30天。内墙面用纸筋灰的细柴草预先拌制，使用时需重新回拌。墙面的抹灰质量的允许偏差执行标准为JGJ73-91。

（二）油漆涂料工程

室内涂料为石灰水，应符合设计要求和现行国家标准的有关规定，施工前应根据设计及甲方要求选择产品。该工序的前提条件是：主体结构已经完成，屋面工程已能正常防水、排水，室内抹灰和门窗装修已完成，基层和基体的质量检验合格，木料制品的含水率<12%。油漆材料使用时，应注意各种材料的配套性，即腻子、底漆、面漆、稀释剂等，其相互间的材料性质必须相溶。油漆的黏、稠度，应严格控制，使其涂刷时不流坠，不显刷纹，涂刷时不得任意稀释。所有油漆在涂刷前和涂刷过程中，应搅拌均匀。操作中，后一遍油漆涂料必须在前一遍油漆涂料干燥后涂刷，且应涂刷均匀，各层必须结合牢固，涂刷前基层表面必须清理干净，涂刷时基层应当完全干燥。补嵌、批刮使用的腻子应坚实牢固，不得粉化、起皮、裂纹、脱壳，腻子干燥后应打磨平整光滑，并清理干净。操作工艺：做色板→设计师和甲方确认→清理基层（斩砍、除铲、撕缝、磨活、嵌缝汁浆）→捉灰缝→油饰。

（三）其他工程

作为一个整体工程，不管是甲方分包项目，还是其他配合工作，都是总包单位为主体，因此，要搞好各方面的协调配合工作。施工中，对于常规的工程如：基础、石作、砌筑、脚手架等，按常规的方法施工，但是，要在施工中着重解决对质量通病的防治和抓好细部的质量，进一步提高质量等级。在常规施工中注意要点，按“工程技术质量措施”中提出的各项措施质量控制，上述所有单项工程质量要求必须符合《古建筑修建工程质量检验评定标准》（CJJ70-90）。

第五节　质量保证体系

一、技术复核、隐蔽工程验收制度

（一）技术复核

本工程技术复核内容见下表：技术复核结果应填入“分部分项工程技术复核记录”作为本工程的施工技术资料归档（见表6-2）。

分部分项工程技术复核记录表　　表6–2

分部工程	技术复核的主要内容
建筑物位置	测量定位的轴线、标高
基础	土质、位置、尺寸、标高
墙砌体	墙身轴线、标高、预留孔位置、规格

（二）隐蔽工程验收

凡是分项工程的施工结果被后道施工所覆盖，均应进行隐蔽工程验收，隐蔽验收的结果必须填写在“隐蔽工程验收记录”内，为档案资料保存。技术复核与隐蔽工程验收流程按工序前后操作。

二、技术、质量交底制度

技术、质量的交底工作是施工过程基础管理中一项不可缺少的重要内容，交底必须采用书面签证确认形式，具体可分如下几个方面：

（一）设计交底

当项目部接到设计图纸后，项目经理必须组织项目部全体人员对图纸进行认真学习并到现场熟悉现状，督促建设单位组织设计交底会。

（二）施工组织设计

施工组织设计编制完毕并送审确认后，由项目经理牵头，组织全体人员认真学习施工方案，并进行技术质量安全书面交底，列出监控部位及监控要点。

（三）责任制度

本着谁施工谁负责质量、安全工作的原则，各分管工种负责人在安排施工任务的同时，必须对施工班组进行书面技术质量安全交底，必须做到交底不明确不上岗、不签证不上岗。项目经理向班组长及其他操作人员进行技术交底，交底要细致齐全、如质量要求、操作要点。班组长在接受交底后应反复地、细致地向班组进行交底，除口头外，必要时用图表、样板、示范操作交底。技术交底采用施工技术交底记录。

（四）进度控制与安全措施

根据工程项目生产计划编制月生产进度计划，由项目经理向施工段负责人下达。工序施工前，施工员根据施工技术方案和工艺标准对施工班组人员进行技术交底，明确各质量管理的关键点和保证质量的措施。进度控制的前提是保证文物本体的安全，因此主要部位的脚手架搭设和拆除前，一律须经有关部门认可后才能实施。

第六节　本次修缮后的遗留问题

首先，中轴、东西轴线部分建筑，由于产权及搬迁置换的问题尚未解决，没能得到有效的保护与修缮。其次，师俭堂内部门窗，除楼厅采用了大量的进口玻璃窗外，其他是明瓦镶嵌的长、槛窗。但是在江浙地区，明瓦加工的传统工艺已经失传，只能对现有的几扇明瓦窗进行整修，其余门窗采用玻璃进行替代。因此，师俭堂的修缮无法做到“恢复原状”。第三，师俭堂是全国重点文物保护单位，属一级风险单位。中华人民共和国安全行业标准《文物系统博物馆风险等级和安全防护级别的规定》(GA27—2002) 6.4.1款规定：“应综合设置入侵报警、电视监控、出入口控制、实体防护等装置。系统应具有报警与图像信号显示、声音复核、信息存储、系统自检等功能，出入口控制装置或电视监控装置或必要的报警装置。周界步行巡逻时间大于30分钟时，宜设立巡更系统。”师俭堂除有消防、烟雾感应系统外，其他尚不具备，因而在本体的安全防范方面存在隐患。第四，在20世纪50年代，由于城镇交通需要，使标明师俭堂地理位置的“藕河”、“斜桥河”被填埋400m长后改为街道，从而破坏了显示其特征的原生环境及风貌。第五，随着两条河道的填埋，20世纪60～90年代，陆续在河道的两岸兴建了一座工厂、九家商店、一家浴室。如今的“藕河”街、“斜桥河”街变成镇区的交通干道，街道两旁原有的临河形态的传统民居，则不断被蚕食、改造。随着宝塔街这条与师俭堂相融合的历史街区的商业功能的衰退，师俭堂也逐渐脱离了它原生的历史渊源、社会文化背景、地理与自然环境。

第七章　部分修缮施工图

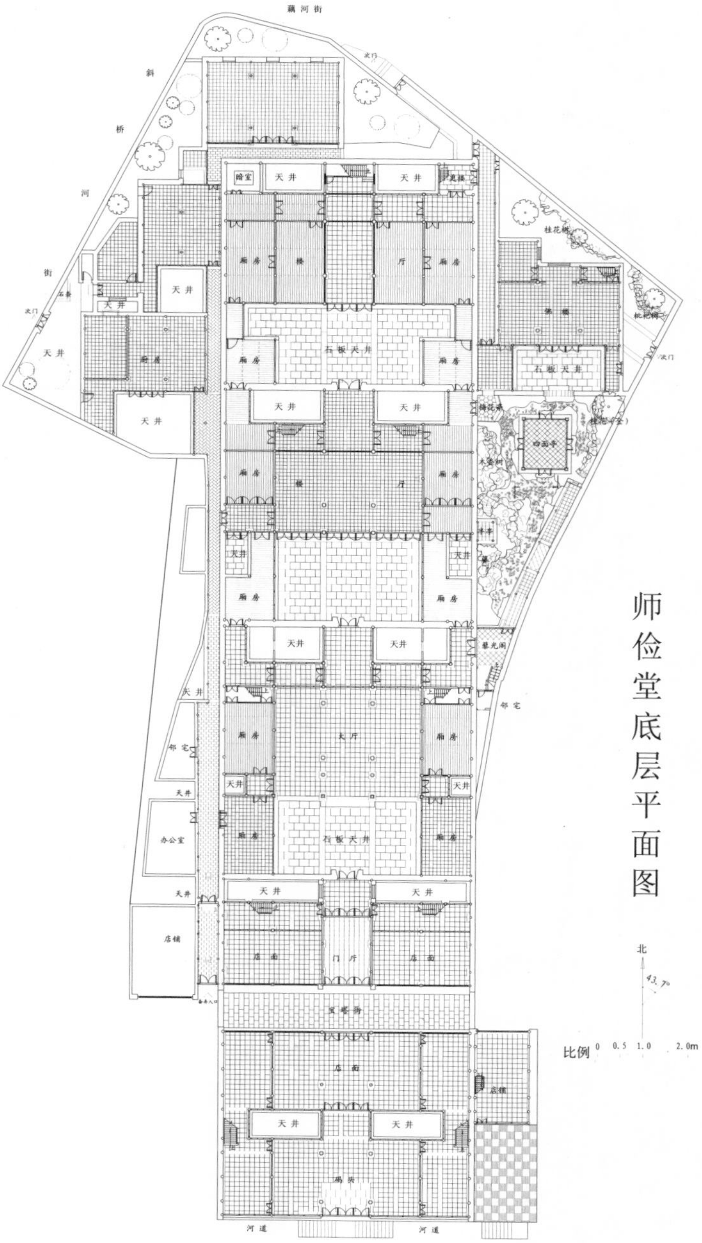

师俭堂底层平面图

北

比例 0 0.5 1.0 2.0m

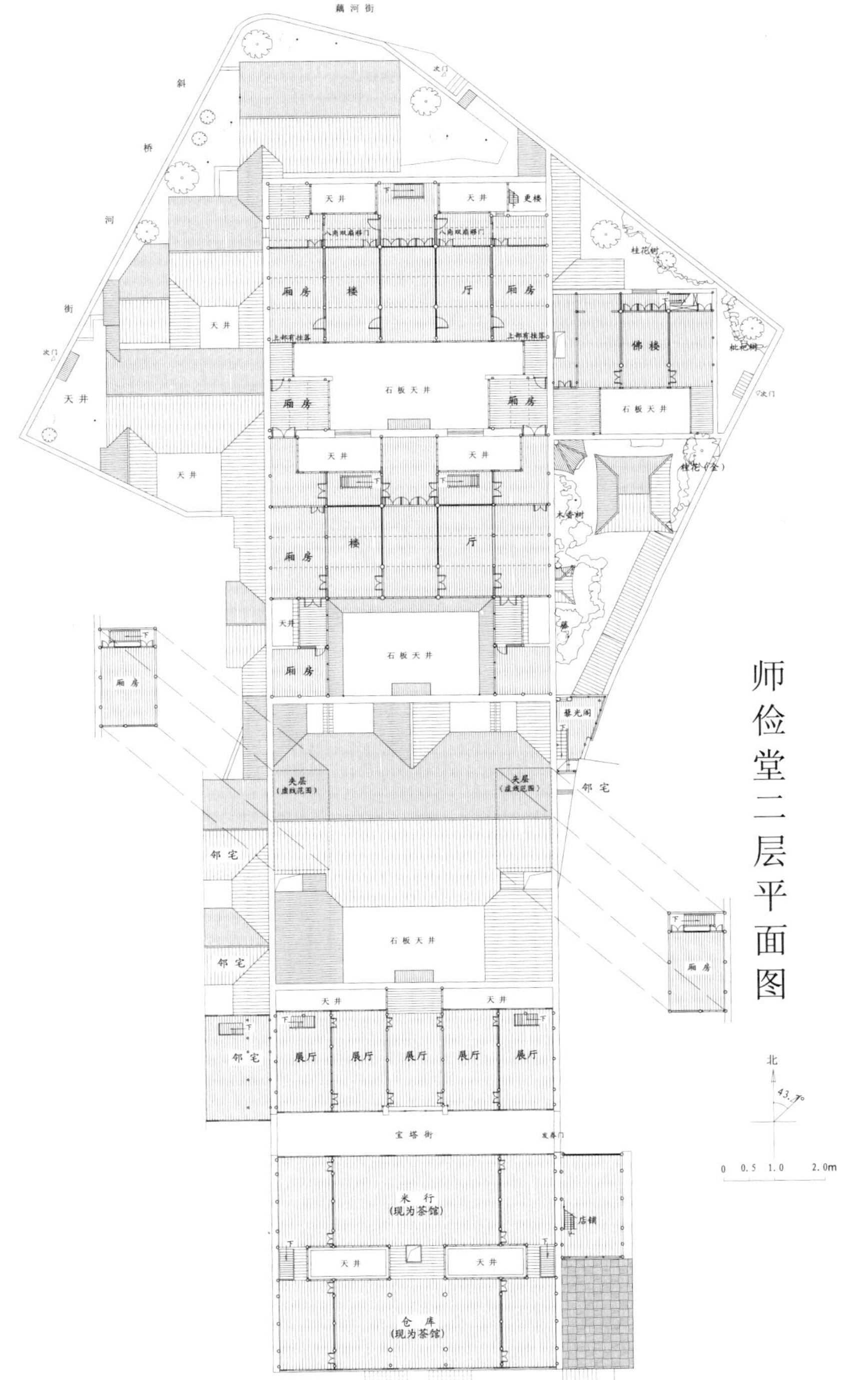

藕河街
斜
桥
河
街
天井
厢房
楼
厅
石板天井
佛楼
桂花树
枇杷树
木香树
藤光阁
邻宅
夹层
石板天井
展厅
宝塔街
米行
(现为茶馆)
仓库
(现为茶馆)
店铺
北
0　0.5　1.0　　2.0m

师俭堂二层平面图

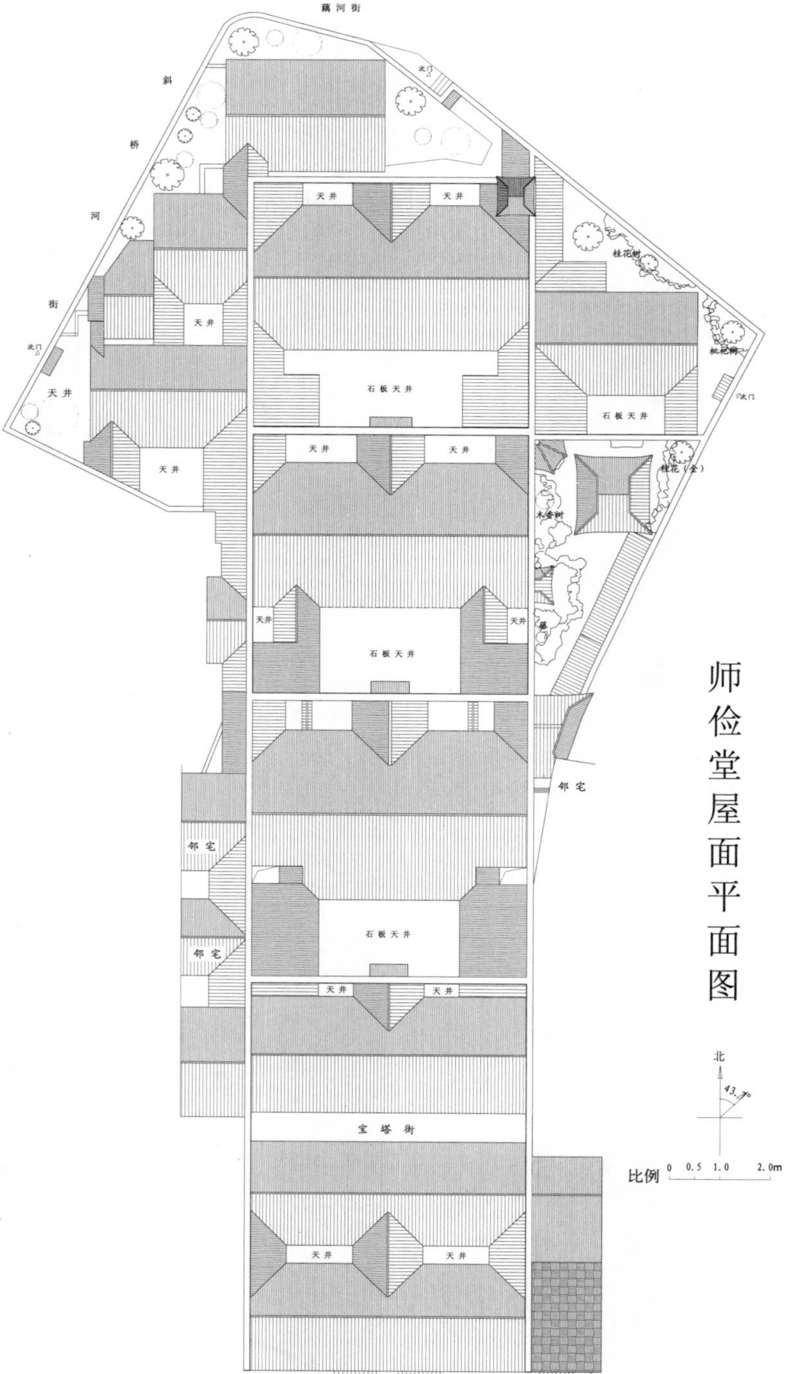
藕河街
斜
桥
河
街
次门
次门
次门
天井
天井
天井
天井
天井
石板天井
石板天井
石板天井
石板天井
桂花树
枇杷树
桂花（全）
木香树
藤
邻宅
邻宅
邻宅
宝塔街
北
43.7°
比例
0 0.5 1.0 2.0m

师俭堂屋面平面图

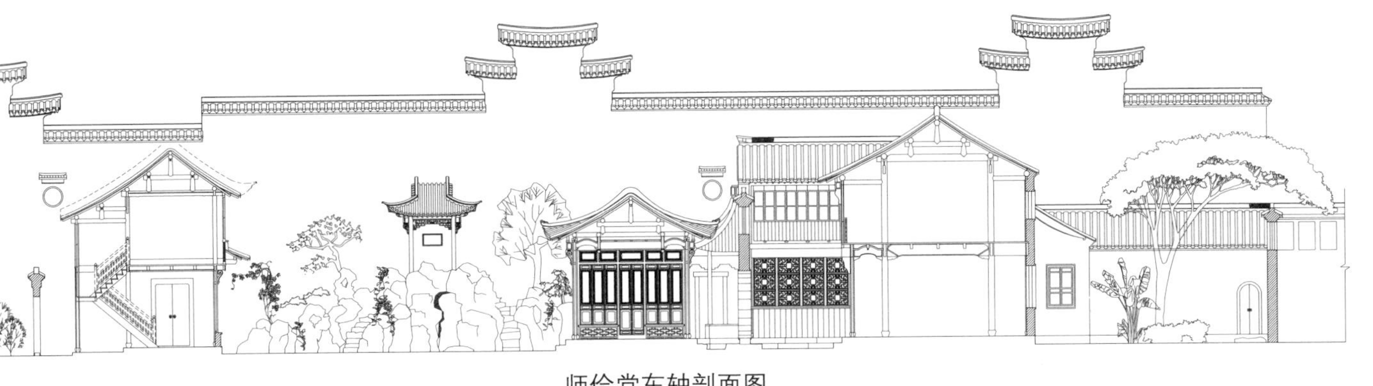

师俭堂东轴剖面图

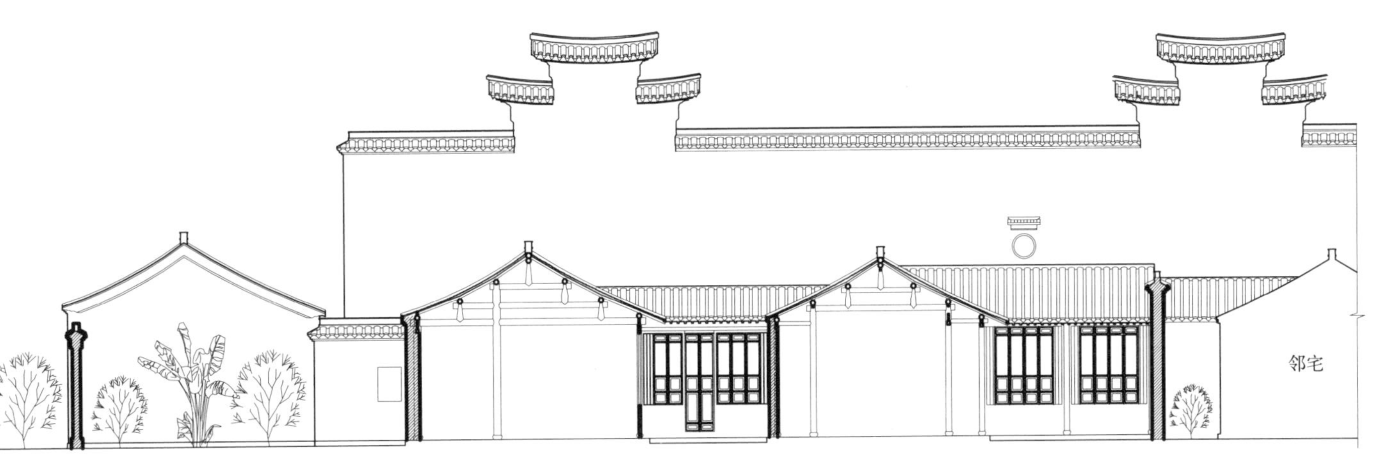

西轴下房剖面图

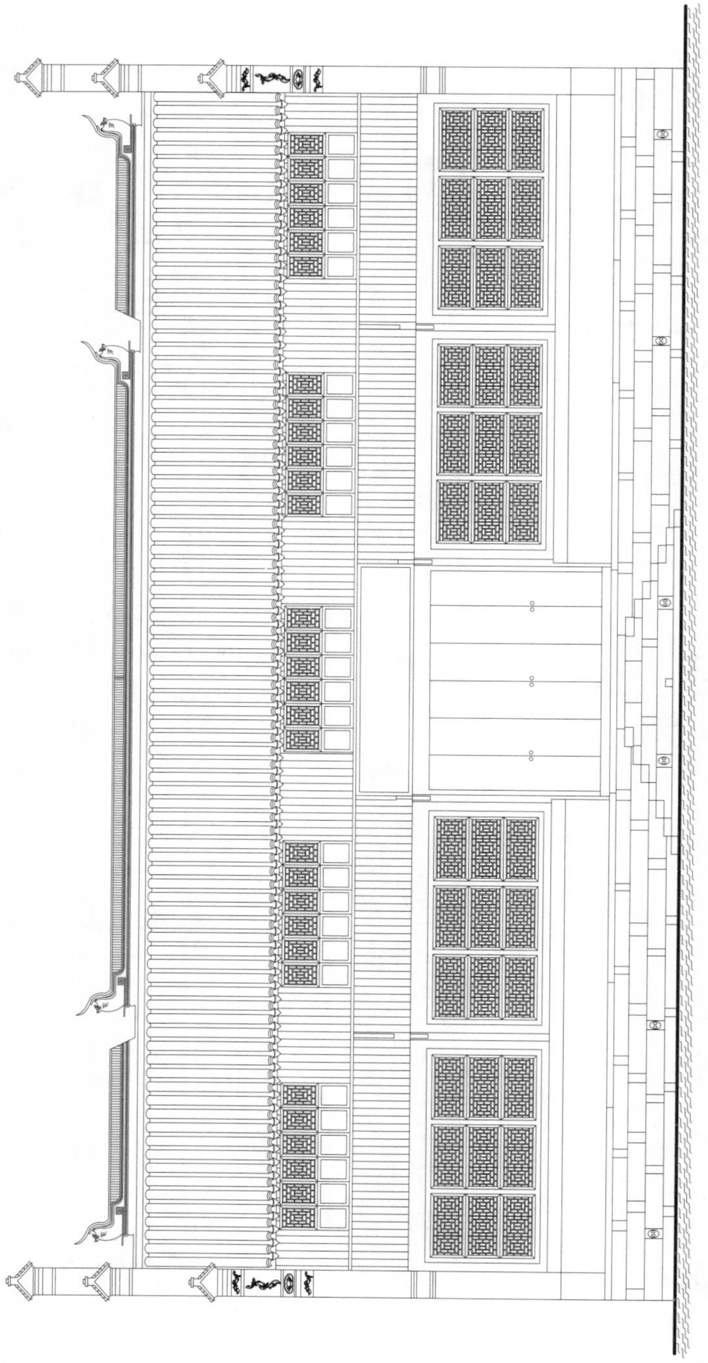

第一进米行南立面图

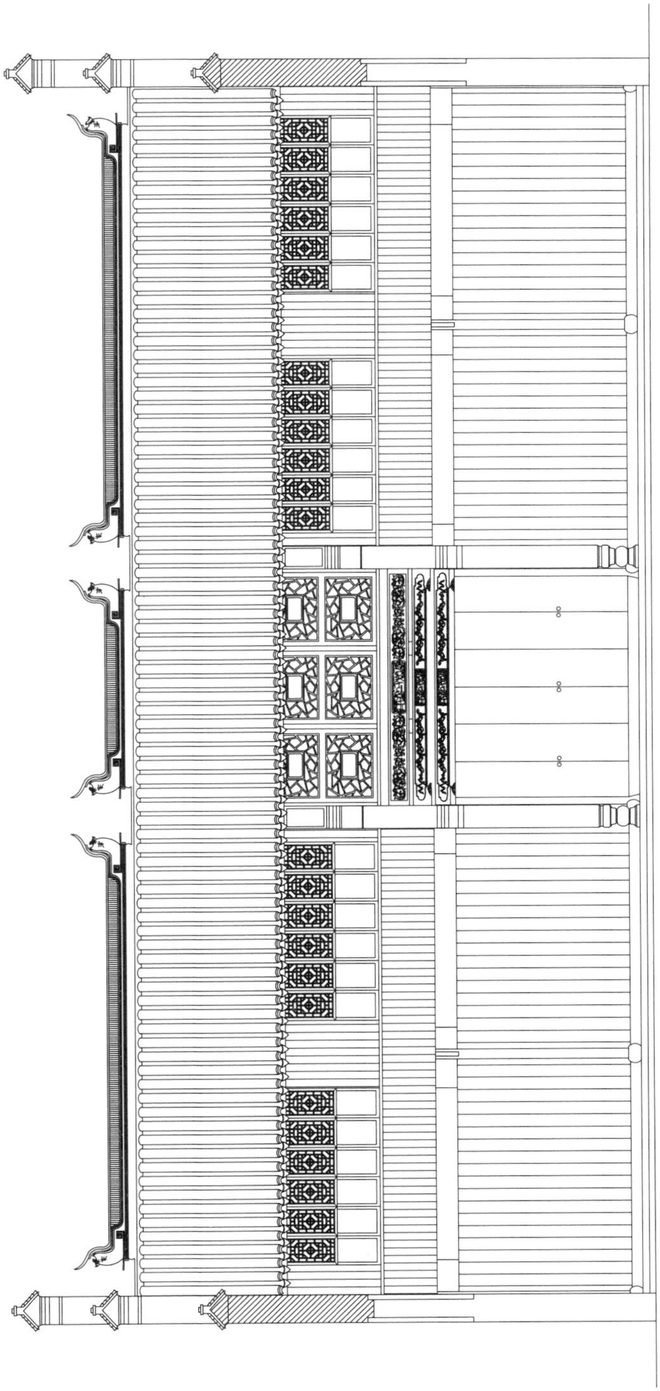

第三进门厅南立面图

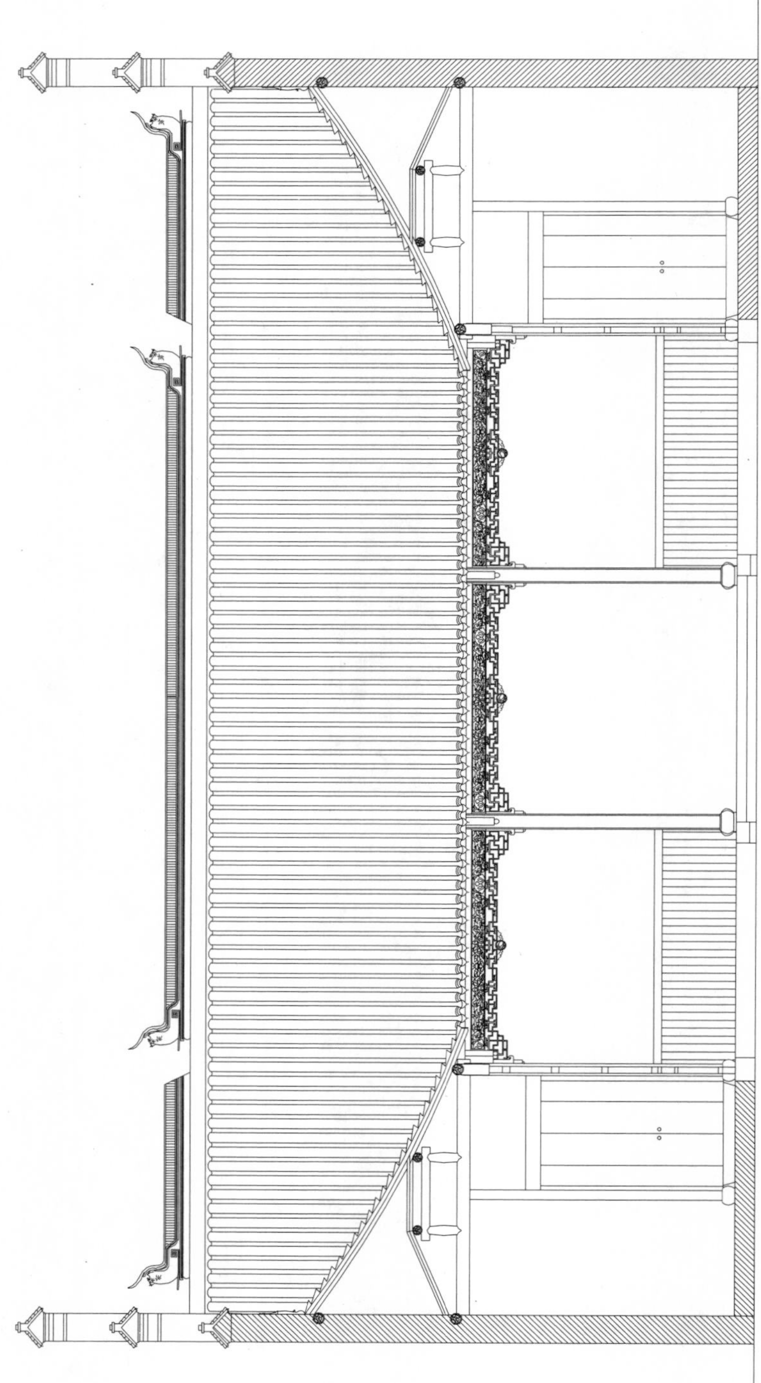

第四进大厅南立面图

楼厅（一）砖细墙门正立面

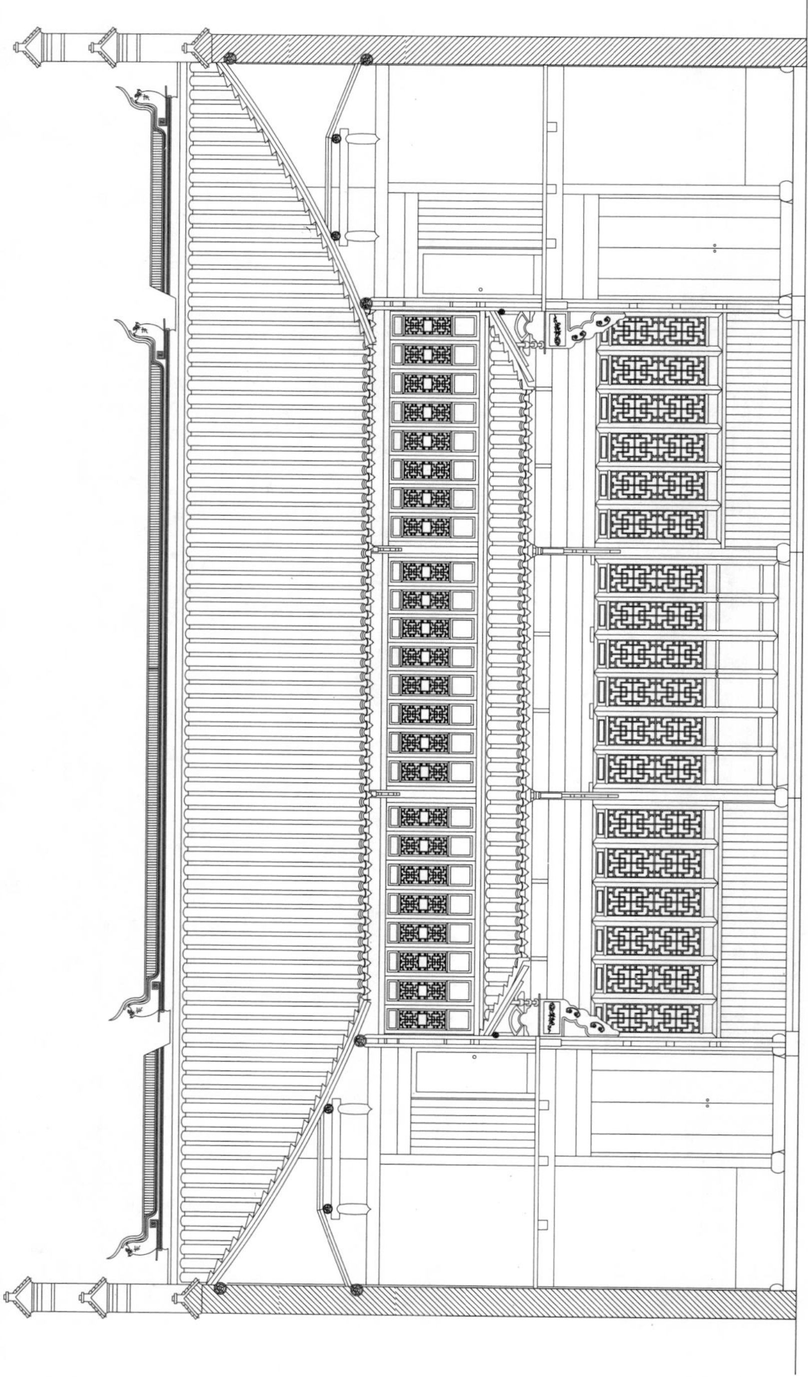

第五进楼厅南立面图

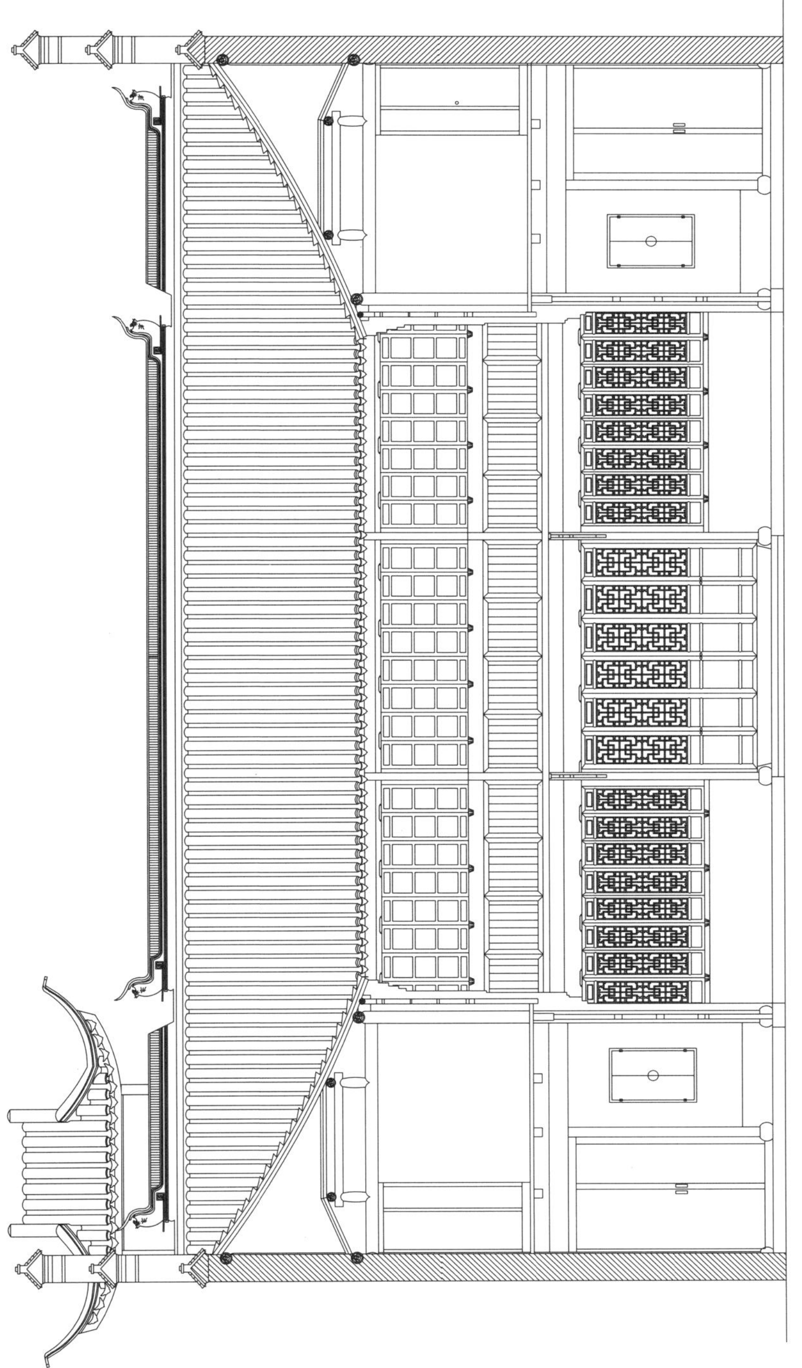

第六进楼厅南立面图

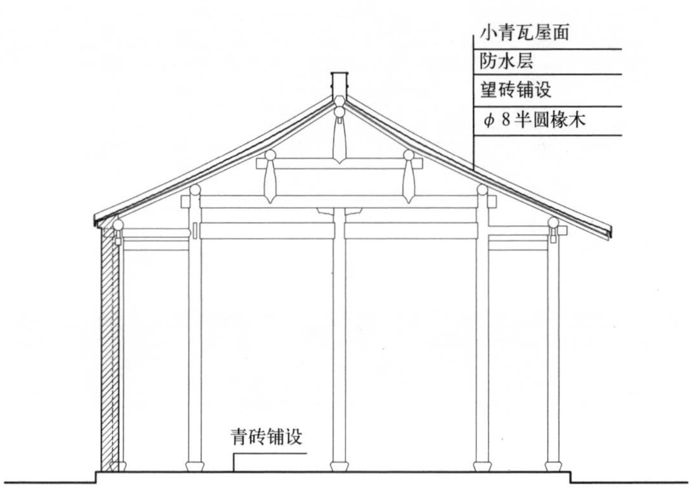

小青瓦屋面
防水层
望砖铺设
ϕ 8半圆椽木

青砖铺设

厨房边贴

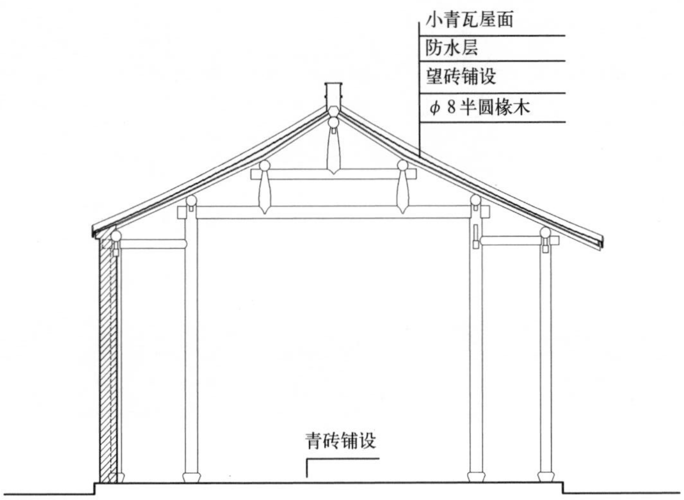

小青瓦屋面
防水层
望砖铺设
ϕ 8半圆椽木

青砖铺设

厨房正贴

0 0.5 1.0 2.0m

厨房剖面图

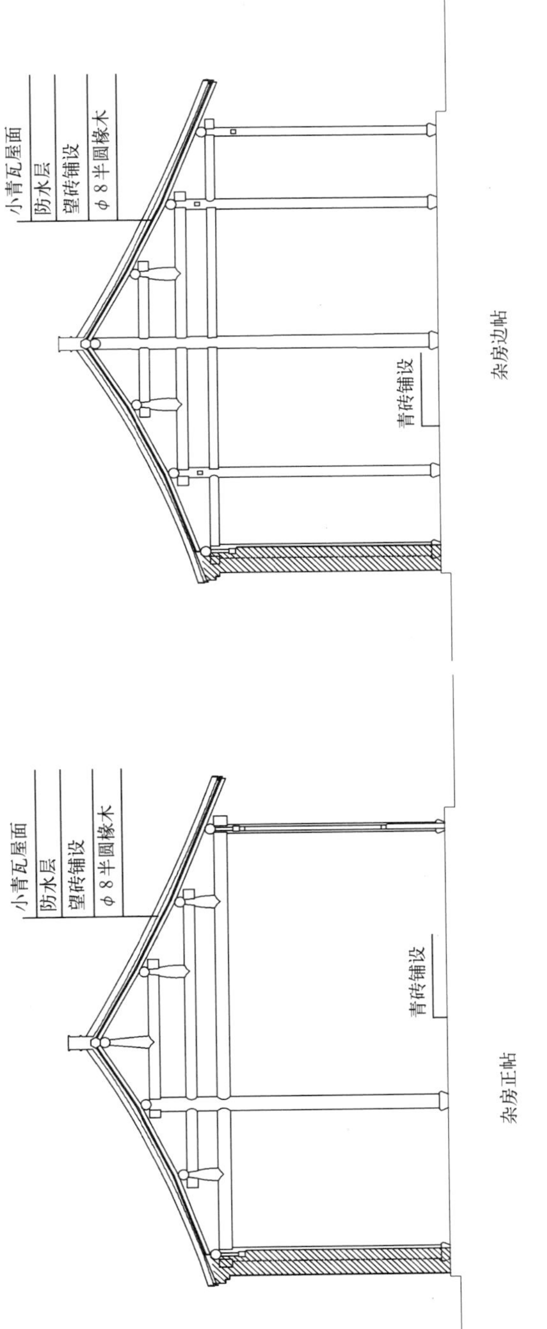
小青瓦屋面
防水层
望砖铺设
φ8半圆椽木
青砖铺设
杂房边帖
0 0.5 1.0 2.0m
小青瓦屋面
防水层
望砖铺设
φ8半圆椽木
青砖铺设
杂房正帖

杂房剖面图

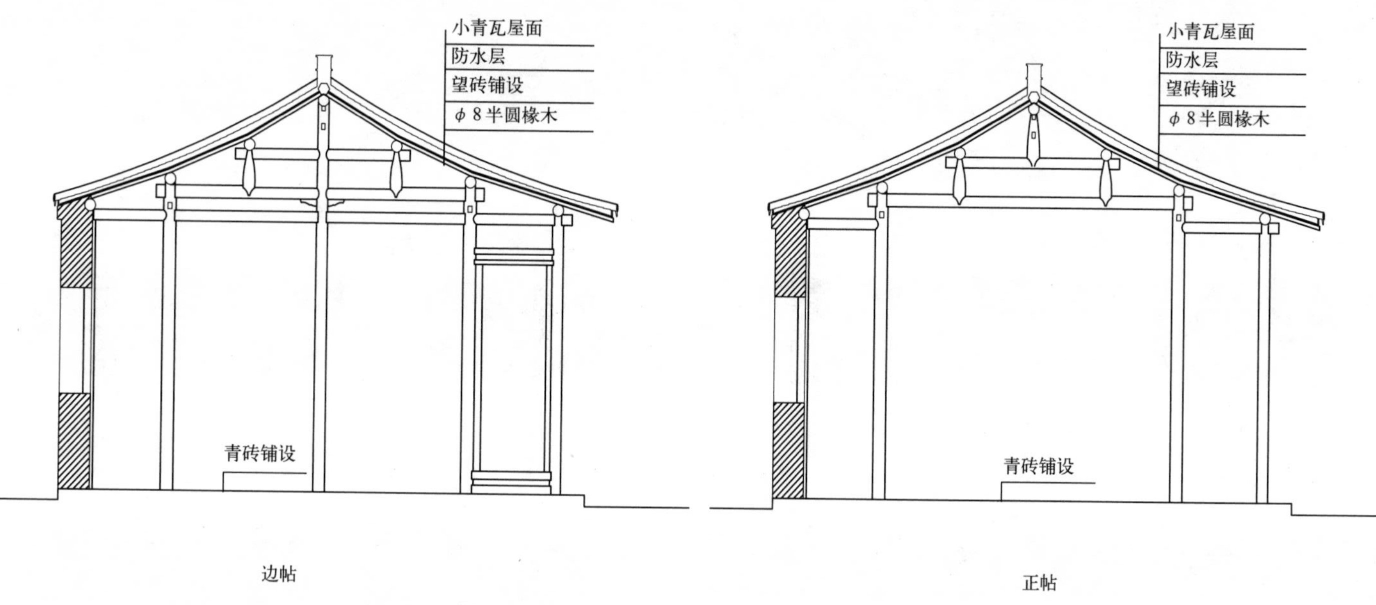
小青瓦屋面
防水层
望砖铺设
φ8半圆椽木
青砖铺设
边帖
小青瓦屋面
防水层
望砖铺设
φ8半圆椽木
青砖铺设
正帖
0 0.5 1.0 2.0m

柴房剖面图

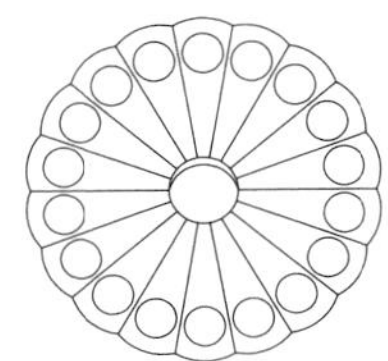

ϕ 40、ϕ 50、ϕ 58 d=1.5 分 18 角

ϕ 32 d=1.5

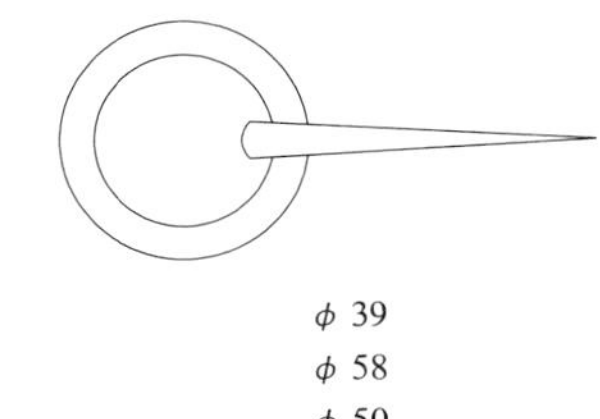

ϕ 39
ϕ 58
ϕ 50
ϕ 45
ϕ 40

ϕ 46 d=1.5 分 36 角

ϕ 21 h=1.5

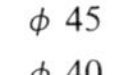

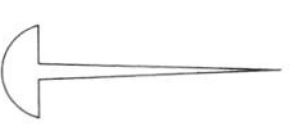

ϕ 14

窗拉环五金大样

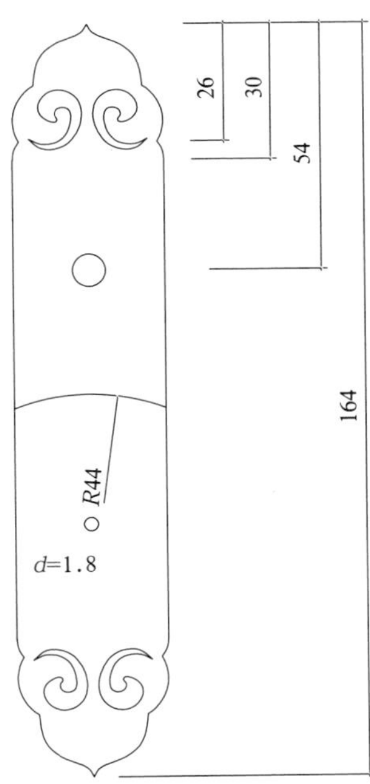

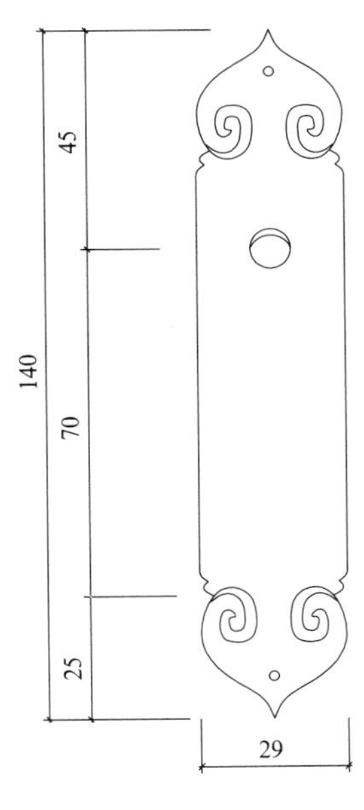

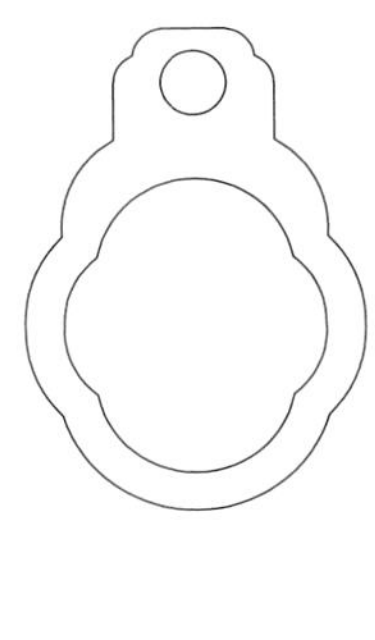

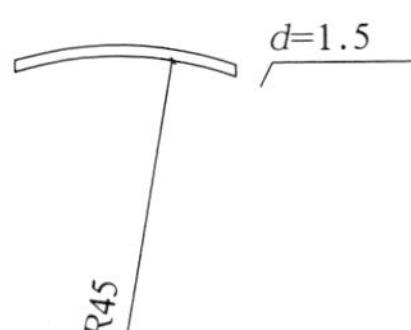

门拉环五金大样

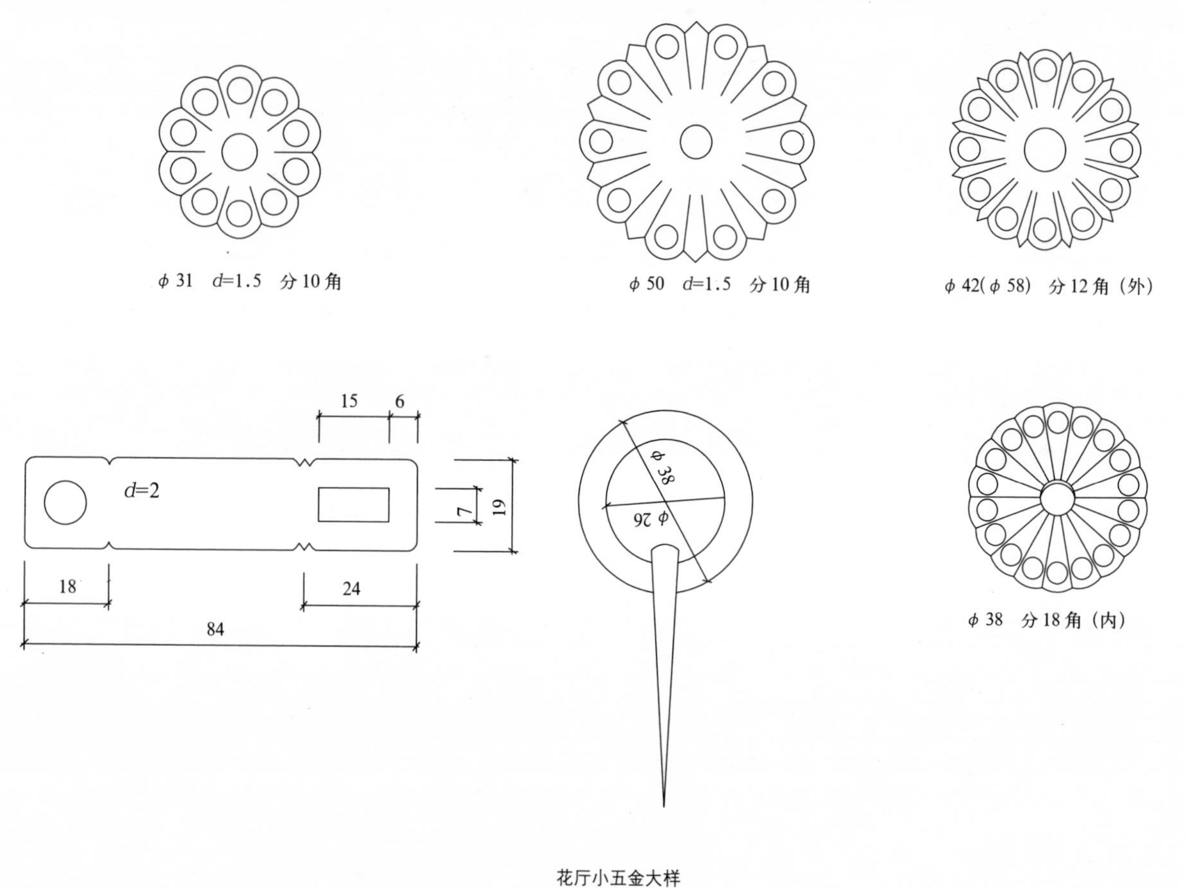
φ 31 d=1.5 分 10 角
φ 50 d=1.5 分 10 角
φ 42(φ 58) 分 12 角（外）
15
6
d=2
7
19
18
24
84
φ 38
φ 26
φ 38 分 18 角（内）

花厅小五金大样

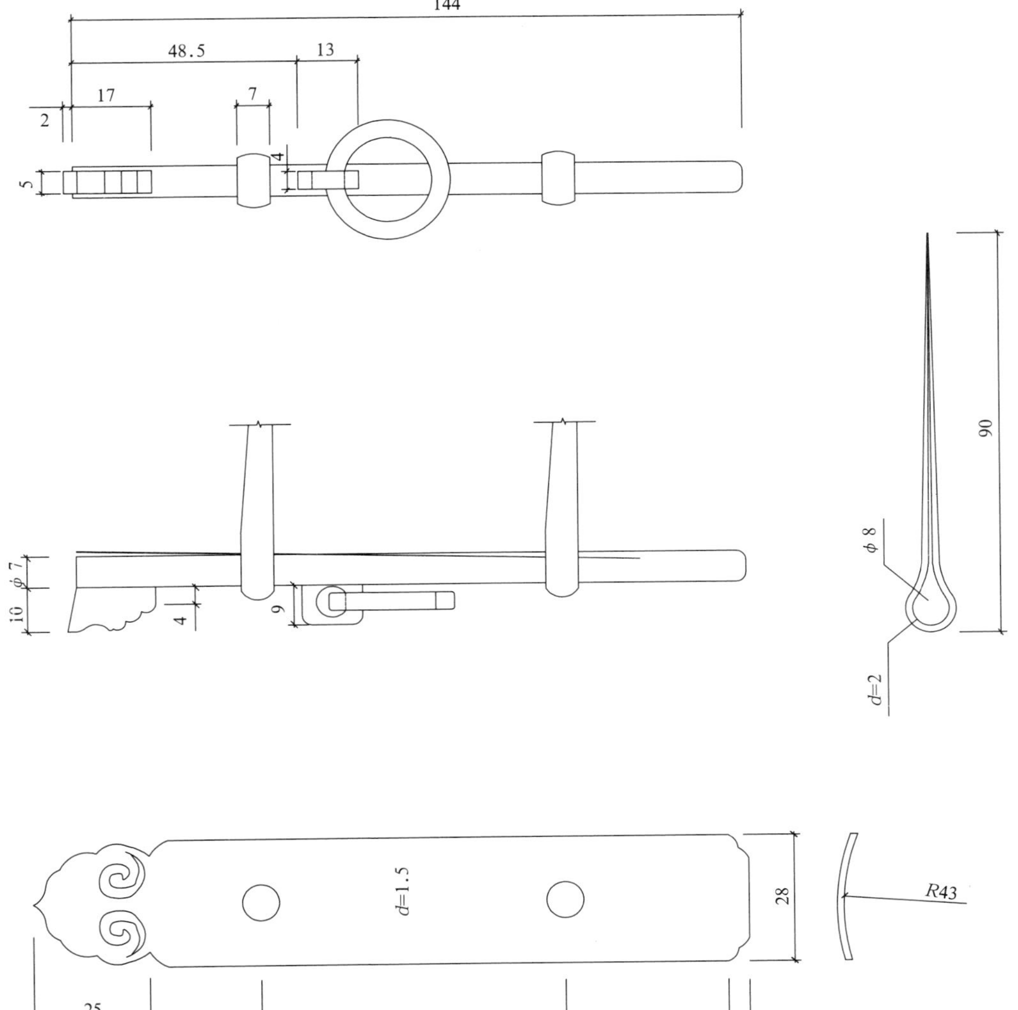

窗插销五金大样

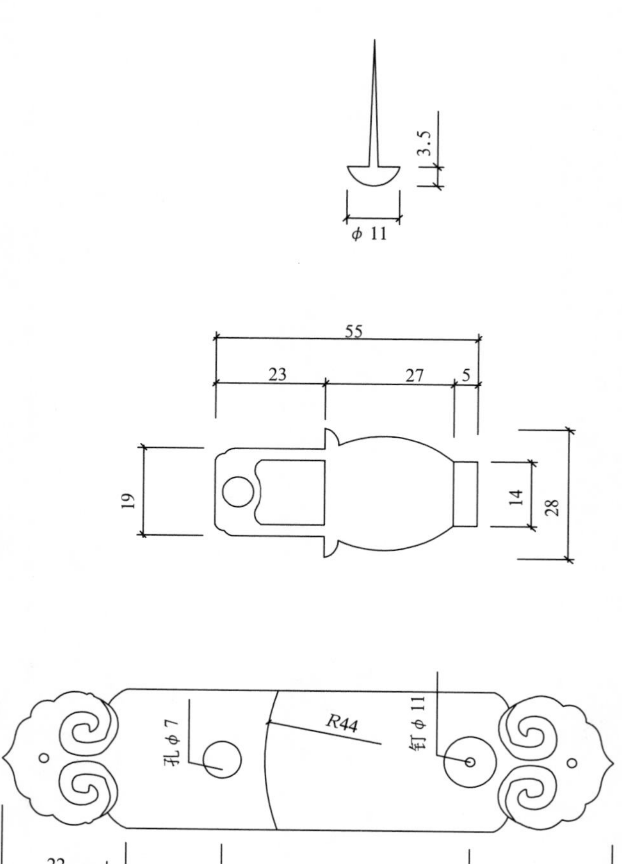

3.5
ϕ 11
55
23
27
5
19
14
28
孔 ϕ 7
R44
钉 ϕ 11
29
22
26
46
52
128

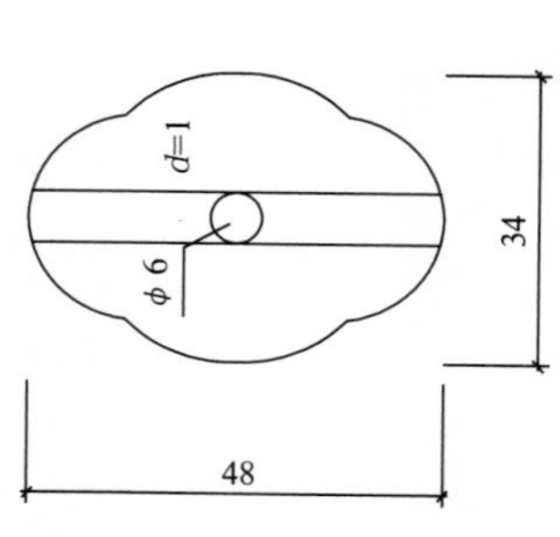

d=1
ϕ 6
34
48

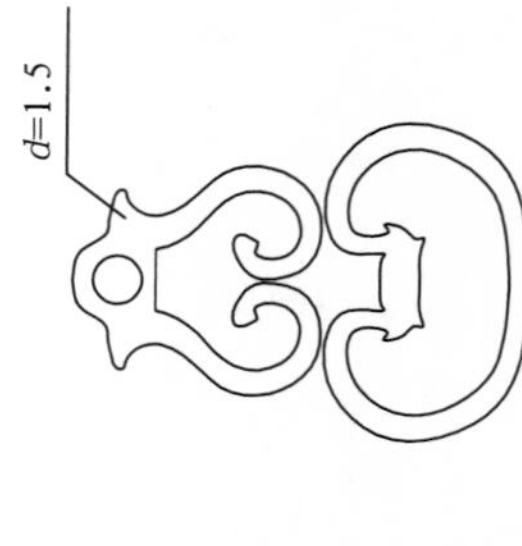

d=1.5

楼厅拉环五金大样

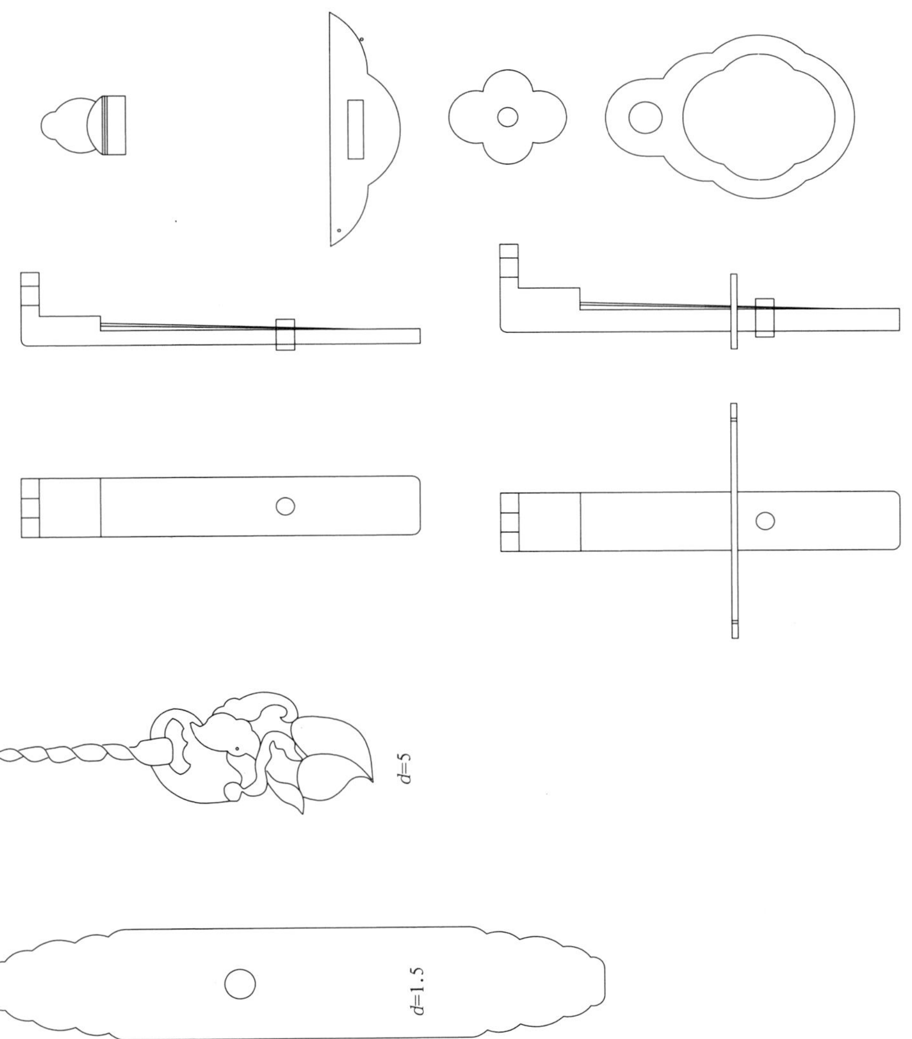

花园拉手插销五金大样

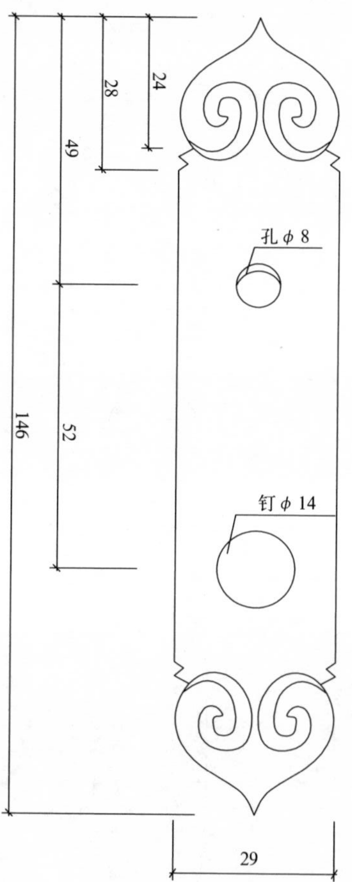

φ42(φ38六进隔扇)　分18角

φ21　分18角

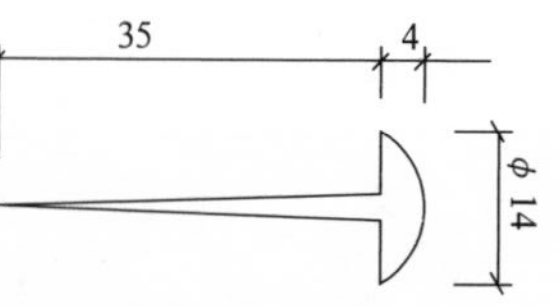

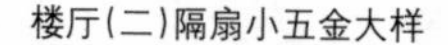

楼厅(二)隔扇小五金大样

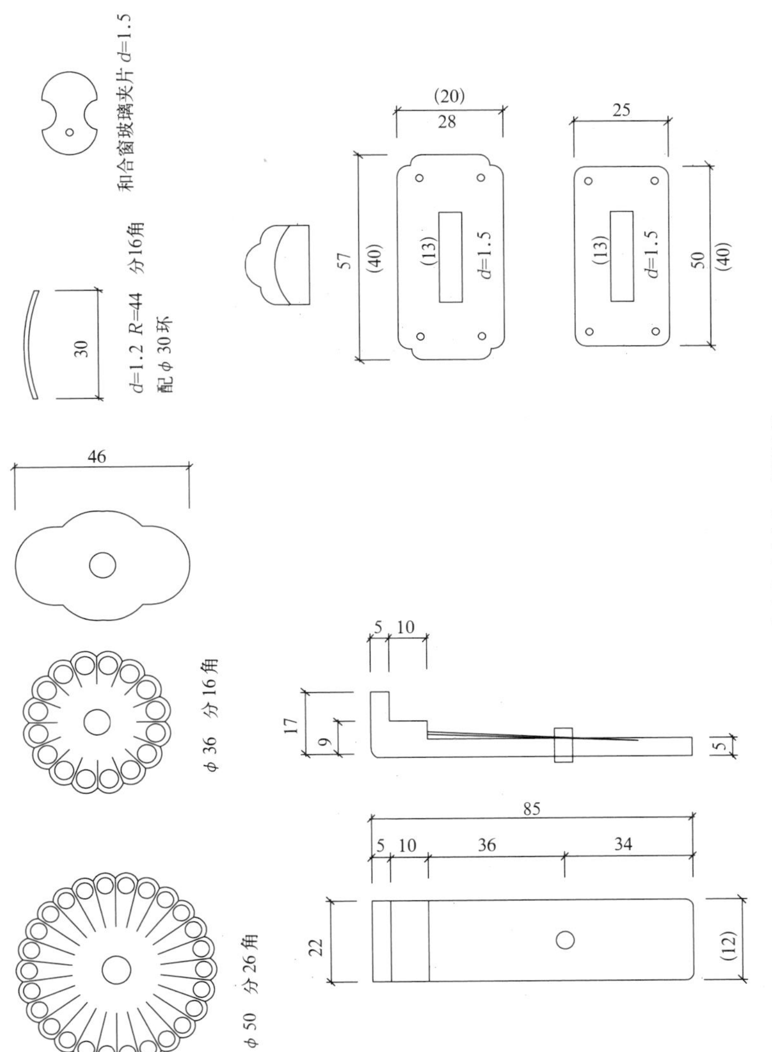

和合窗玻璃夹片、插销大样

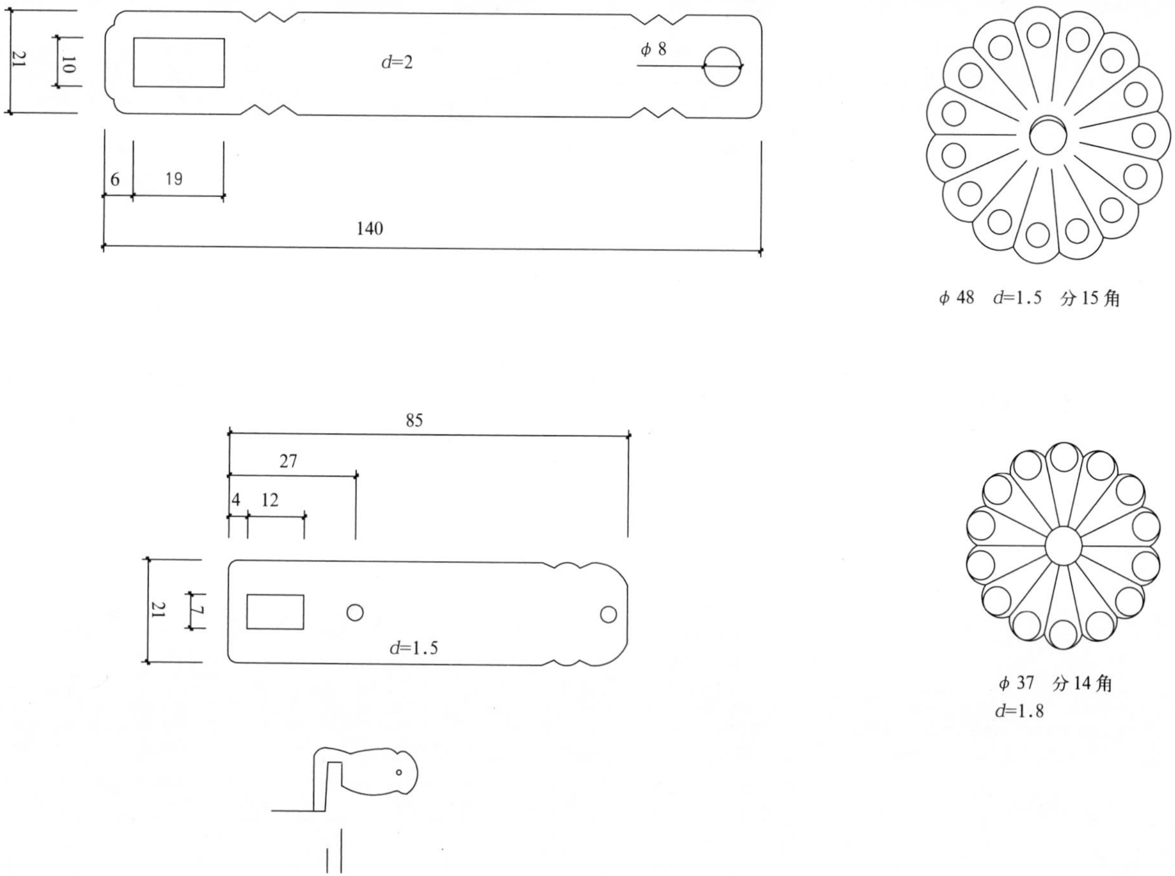

21
10
d=2
ϕ 8
6
19
140
ϕ 48　d=1.5　分15角
85
27
4
12
21
7
d=1.5
ϕ 37　分14角
d=1.8

门搭扣五金大样

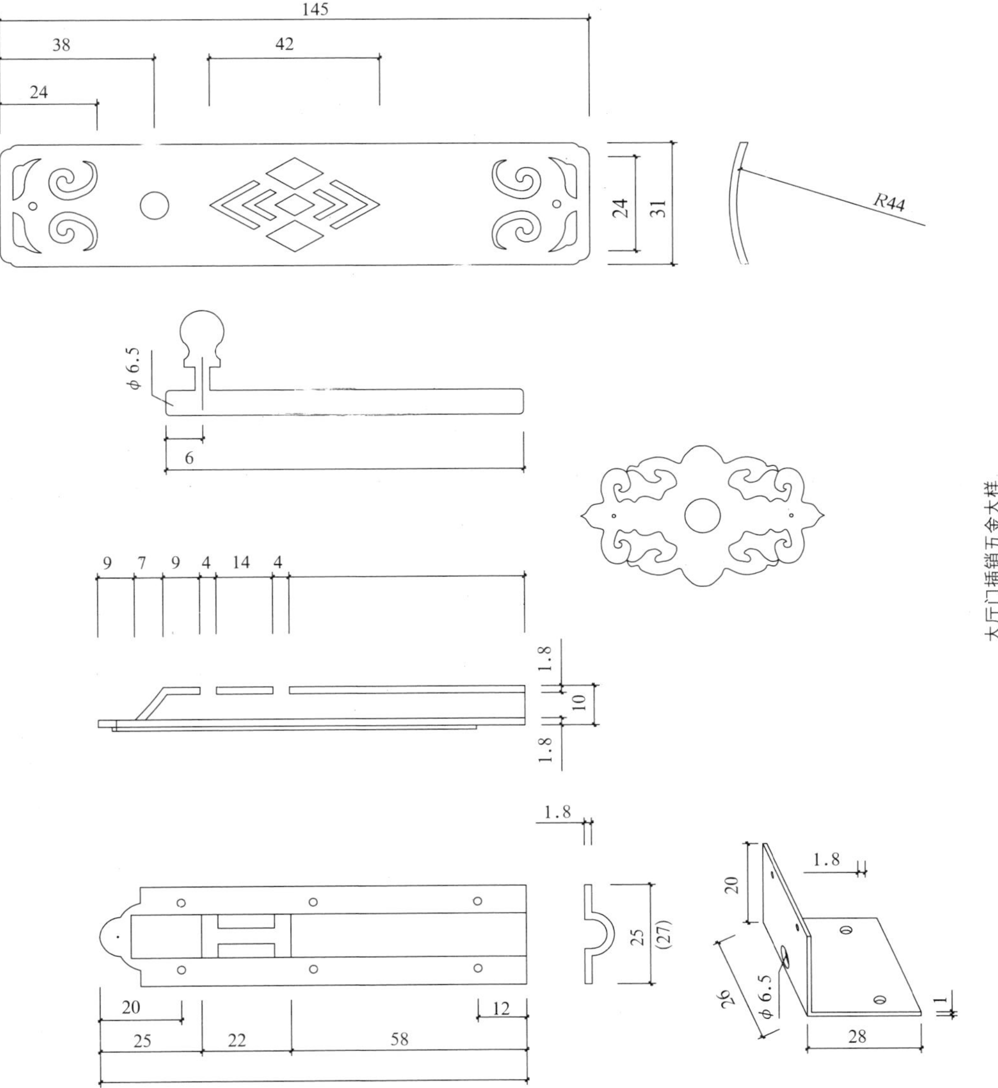
145
38
42
24
24
31
R44
φ6.5
6
9
7
9
4
14
4
1.8
10
1.8
1.8
20
1.8
25
(27)
26
φ6.5
1
28
20
12
25
22
58

大厅门插销五金大样

① ϕ 35　分 16 角 d=1.5 配环 ϕ 36 径 ϕ 6

② ϕ 50　分 20 角 d=1.5 配环 ϕ 42 径 ϕ 6

③ ϕ 42　分 12 角 d=1.5 配环 ϕ 42 径 ϕ 6

④ 底片 ϕ 55　分 22 角
盖面 ϕ 38　分 40 角　配环 ϕ 42 径 ϕ 6

⑤ ϕ 32　分 9 角 配环 ϕ 34 径 ϕ 6

灯钩座大样（一）

① ϕ 62　分 48 角　d=2　配环 ϕ 38 径 ϕ 6

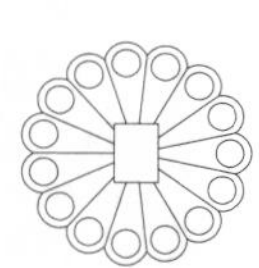

② ϕ 38　分 15 角　d=2

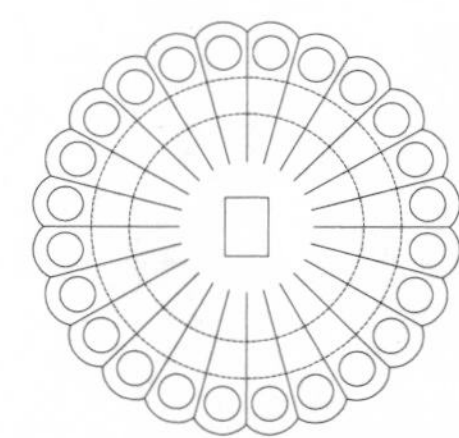

③ ϕ 71　分 24 角　d=2　配环 ϕ 40 径 ϕ 6

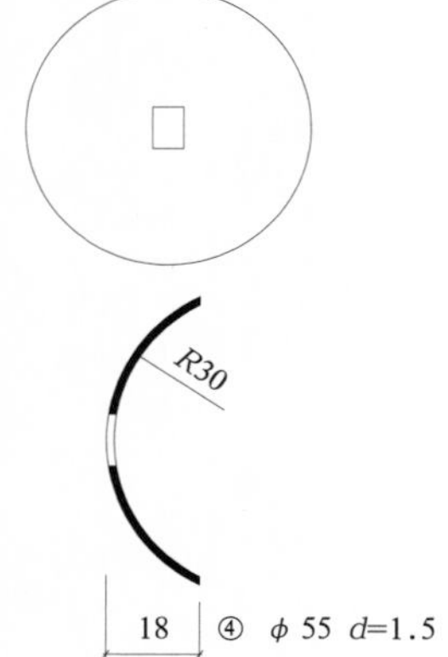

④　ϕ 55 d=1.5

⑤　ϕ 45 分 50 角 d=1

灯钩座大样（二）

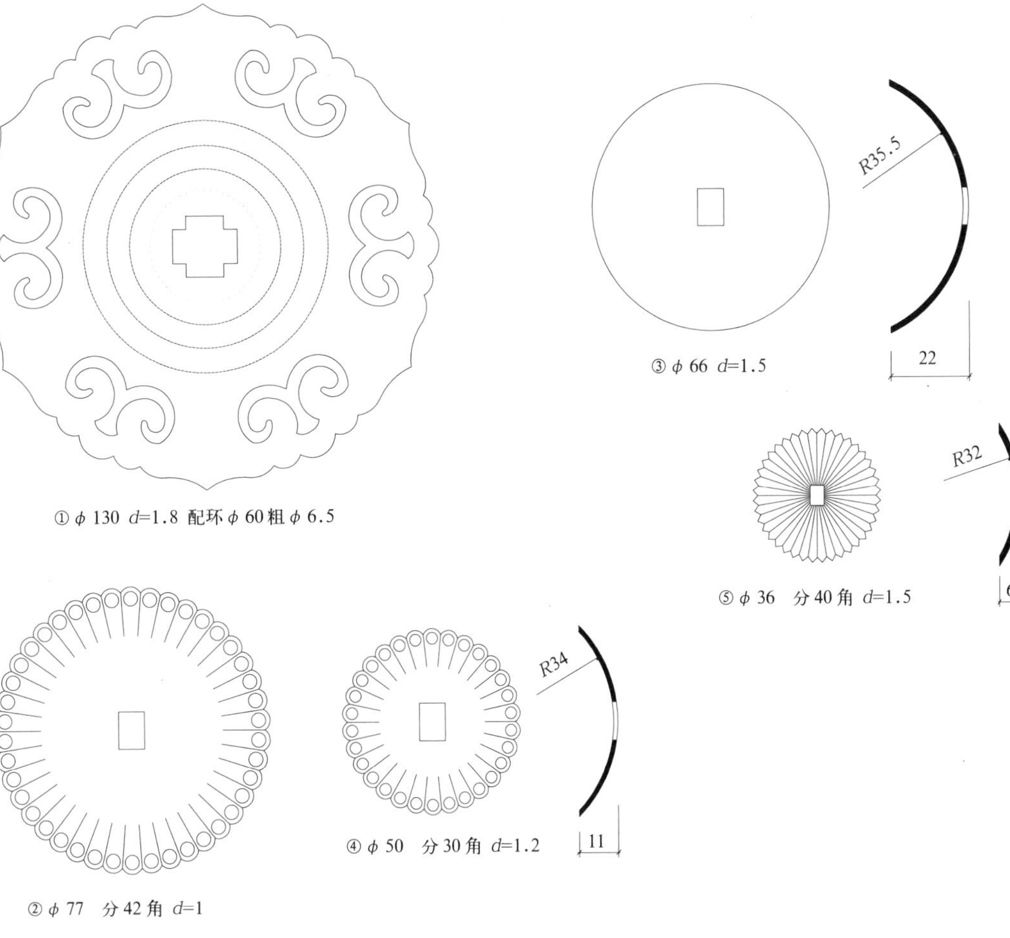
① φ 130 d=1.8 配环 φ 60 粗 φ 6.5
② φ 77 分 42 角 d=1
③ φ 66 d=1.5
R35.5
22
④ φ 50 分 30 角 d=1.2
R34
11
⑤ φ 36 分 40 角 d=1.5
R32
6

灯钩座大样（三）

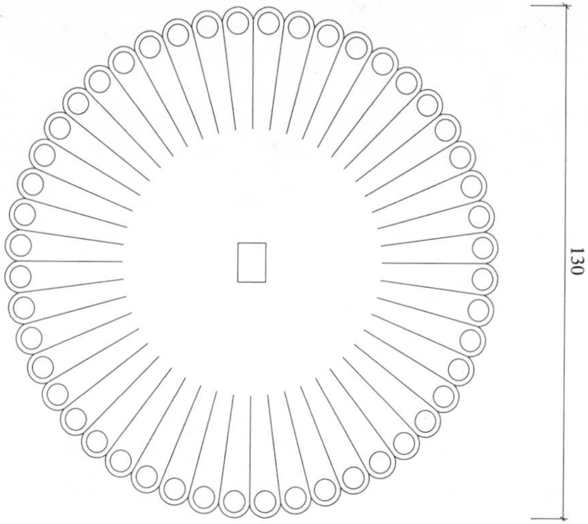

130

① ϕ 130　分48角 d=1.8
配环 ϕ 60 径 ϕ 6.5

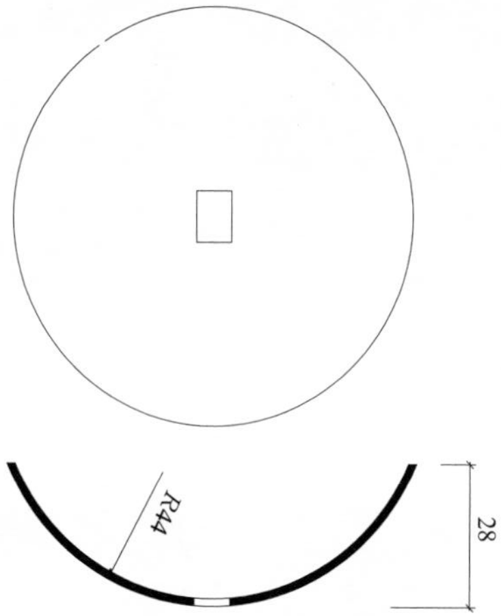

R44

28

② ϕ 82 d=1.5

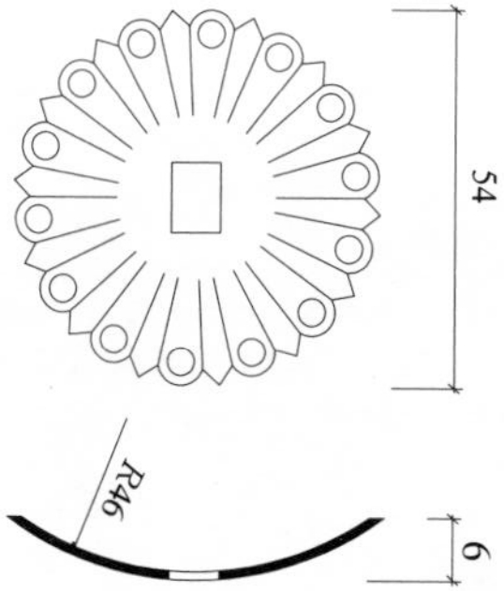

54

R46

6

③ ϕ 54　分14角 d=1.2

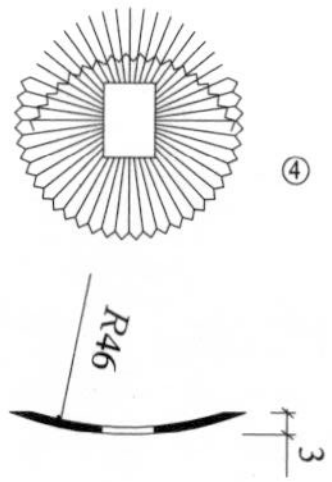

④ ϕ 32　分48角 d=1.0

R46

3

灯钩座大样（四）

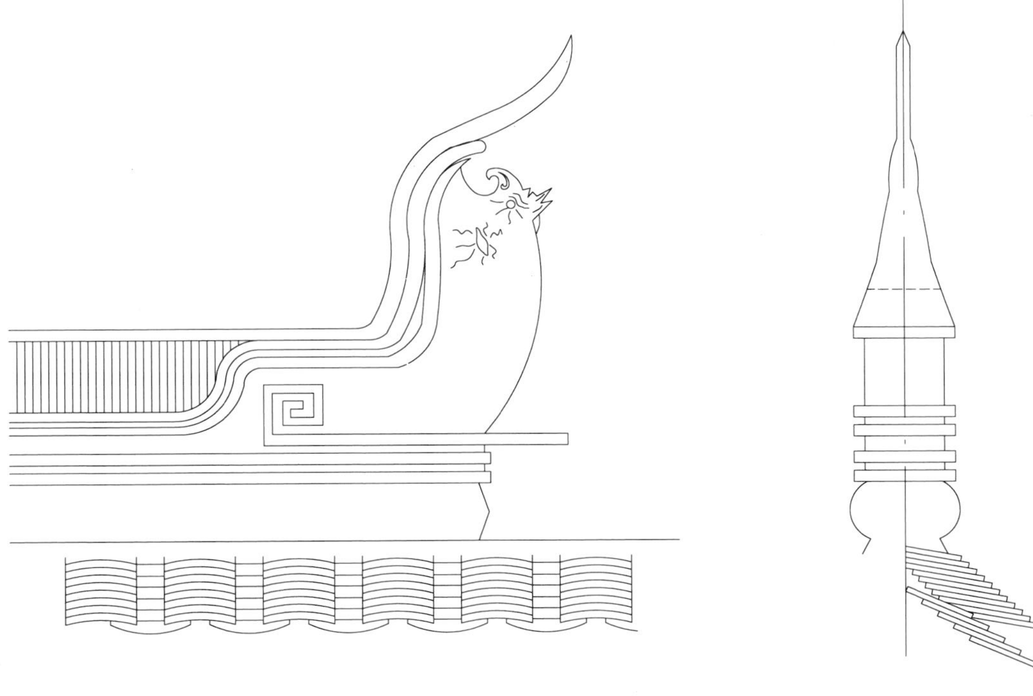

大厅屋面哺鸡脊大样

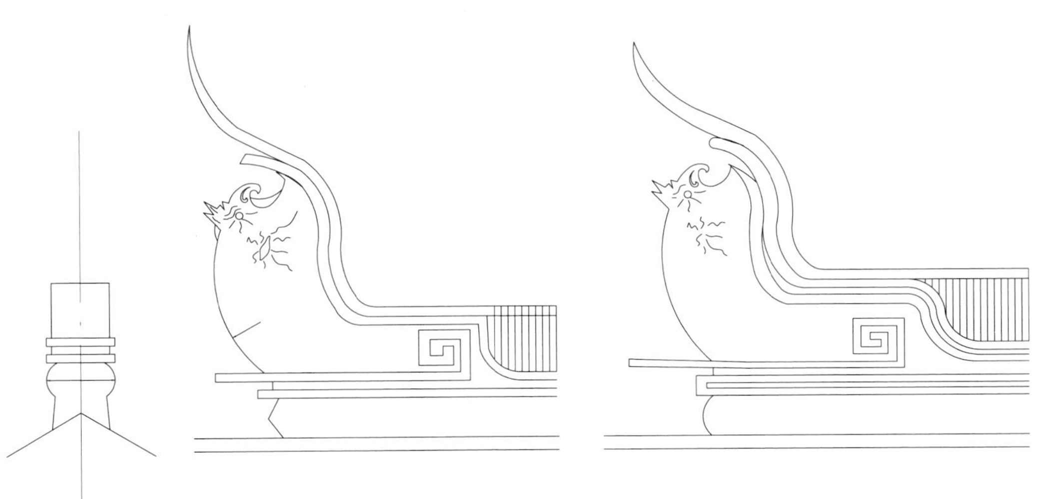

楼厅屋面哺鸡脊大样

部分木装修构件大样

下房部分隔扇大样

中轴部分隔扇、槛窗大样

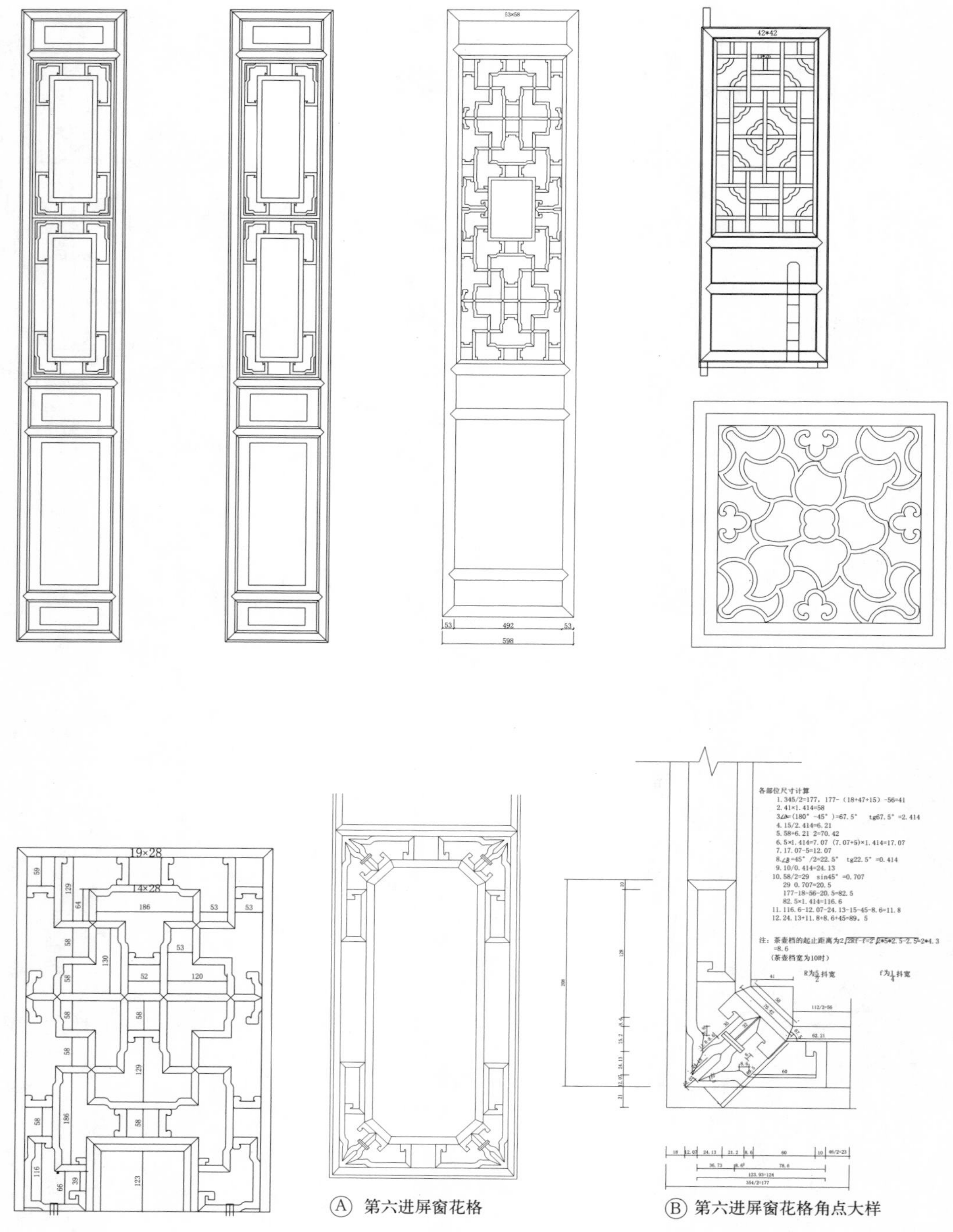

Ⓐ 第六进屏窗花格

Ⓑ 第六进屏窗花格角点大样

中轴部分花窗、隔扇大样

附录一
震泽徐氏足迹

1.徐氏的先祖为周穆王满(公元前976～前922年)时的徐偃王之后徐旷，明末渡淮入江南，十传至徐永昭定居震泽镇。自十世至十九世排字辈依次为：永、覲、学、森、汝、之、聿、基、谋、诒。永昭生子覲光，徐氏十一世孙。覲光生子学健，字邦闻，国学生，徐氏十二世孙。学健生子二，长子韫，字玉书，徐氏十三世孙；次子荣森，字湘波。湘波生子三，长子汝福(1838～1875年)，号寅阶，徐氏十四世孙，过继给伯父徐韫森；次子镕甫，号汝昌；幼子咸甫，号汝善。

2.道光三年(1823年)大水，徐学健设厂施粥。当时，田庐尽淹，厝棺浮去。学健召集同仁雇人捞救，得数千具。四年，在乌程(今属湖州)小梅山捐设义冢，悉葬于此，计费千金在所不惜。以捐赈议叙州吏目。

3.道光三年(1823年)，徐学健等在震泽镇参差浜桥西(今麟角坊)，创办收养遗弃婴儿的“保赤局”。九年，在保赤局内兴办“义学”。

4.道光十年(1830年)，徐学健等斥资重建政安桥；十一年改建通泰桥，十九年重建鹤皋桥，二十年重建众安桥。

5.道光十六年(1836年)，徐学健等斥资重修慈云禅寺。二十年，重建分水墩上的文昌阁。

6.道光二十九年(1849年)大水，徐荣森设厂施粥。十一岁的汝福亦忙前忙后，议叙光禄寺署正。以后，镕甫、咸甫相继夭亡，徐汝福辍学继承父业。

7.咸丰六年(1856年)五月十八日，太平天国军队攻克清军江南大营。此时，苏杭巨室仍沉浸在纸醉金迷酒池肉林中。徐汝福认为，太平日子即将结束，凡事务求节俭，便一有余资就囤积粮食，以备急用。同时，在震泽筹组团练以保卫地方。

8.咸丰十年(1860年)四月十三日，太平天国军攻占苏州，二十五日攻占吴江县城松陵镇。徐汝福筹饷支援湖州赵景贤会攻驻平望的太平天国军队。赵失利后，徐汝福认为殉难无益，遂携生父徐荣森走避上海，以筹饷功选补候同知，赏戴蓝翎。

9.同治元年(1862年)，江苏巡抚李鸿章邀请徐汝福办理抚恤事宜，接任江苏抚恤总局局长，驻上海。他为战时善后救济紧急筹款，经与同乡施少钦等商议，在上海成立“兴仁会”，筹集白银一万几千两，汇往震泽，按大人二元、幼者一元救济贫困乡民。乡下闹粮荒，他说服官府，让洋商的米船下乡，并要求沿途不收税。这样一来，大量米船涌入吴江境内，百姓得以度过难关。

10.同治三年(1864年)二月，抚恤总局移驻苏州。徐汝福乞假告归，应知县万青选之邀筹划善后。他在震泽镇上筹划了三件事：其一，办施粥厂。邀请镇上贤达程秋舫、施蓉塘创办粥厂，以每天300人为额度，先施粥一个月，以后对特困户每旬施米若干。其二，发动同仁联名具陈，创立丝捐公所，计包抽厘，从此地方上一切善举的经费来源不断。其三，首创“公典”。经过战乱，过去的质库皆停业，镇上原有的几家私人典当亦全部被毁。当时，蚕民们眼看着蚕宝宝一天天长大，却已无力购置桑叶以饲。徐汝福便提议由公众集资办典当，以低息质贷乡民，名“公典”。他首先出资倡导，办成了震泽的公典，此为长江三角洲“公典”之始。

11.同治五年(1866年)，徐汝福主持重修思范桥，十一年修城隍庙，十二年修仁安桥。太湖溇港淤塞，他亲自踏勘，挖河开窦，数月而毕。疏浚頔塘市河，还开浚南北支河，共计280余丈。

12.徐汝福对徐氏族人关怀备至。抚养孤儿视如己出，接济无衣无食者，延师教授贫寒学子。凡10岁以上父母无产业的子女，他或使之读书，或授予所业，因此受惠者不下百余人。

13.承办善后事结束，徐汝福赏戴花翎，改授郎中，加五级，为二品。并诰封祖父母及父母。同治十二年(1873年)，祖父徐学健(邦闻)，父亲徐荣森(湘波)同时诰封通奉大夫。

14.徐汝福娶妻周氏，生二子，长子泽之，字伯铭，徐氏十五世孙，同治十二年癸酉科(1873年)举人，授内阁中书；次子望之。因汝福的两个弟弟均无子嗣，便将望之继嗣两叔父。同治十三年(1874年)，徐汝福拟率泽之进京应礼部试，自己赴部供职。未及成行，母亲去世，悲伤成疾竟一病不起。光绪元年(1875年)九月卒，年38岁。翌年，泽之葬父于乌程县马腰村(今属湖州)。

15.徐汝福提出的“计包抽厘”惠及后人。光绪九年(1883年)修慈云寺，十四年(1888年)修三贤祠，三十一年(1905年)修两等小学、时中小学、明体学堂、頔塘学堂等4所学校，还有广善堂的施药、施衣、施棺材、育婴堂经费、鳏寡孤独的社会救济款，都是从丝捐公所“计包抽厘”收入中支付的。

16.徐泽之生子聿廷，字奎伯，号沧粟，徐氏十六世孙，继承祖业经商，主管恒懋昶丝经行，所产“辑里丝经”注册商标“金泽钿”，远销欧美。民国8年(1919年)，在上海由工商部举办的中华国货展览会上荣获一等奖。

17.光绪三十二年(1906年)，徐聿廷自费创办励志学堂，第二年即停办。

18.徐聿廷养子厚基，字启丞，徐氏十七世孙，继承祖业经商，主管大顺米行。厚基生三子二女。原配妻沈寿昌生长子谋深，在无锡从事纺织业；长女谋伟在四川师范大学供职。继室为湖州戴季陶的养女戴小恒，生二子一女，次子谋先在广东从商，幼女谋龄在上海从事医药行业，幼子谋忠在苏州从商。

19.徐氏宗谱(已佚)，聿字辈前的先祖均已作古。基字辈以下，已传至十九世诒字辈，均学有所成，分别从事教育、商业、纺织业，分居在无锡、成都、广州、上海、苏州。

附录二

师俭堂雕刻内容统计表

序号	建筑名称	部位	图案构成	名称	种类
1	米行	大梁	如意、洋花		木
2	铺面	大梁	如意、牡丹		木
3		裙板	如意、暗八仙	暗八仙	木
4	门厅（门楼）	门楼（由上而下）	回纹挂落		木
5			如意		木
6			梅兰竹菊、牡丹、如意	四君子、富贵如意	木
7			戏文故事	蔡步阶中状元	木
8			戏文故事	刘备招亲	木
9			戏文故事	三圣庆寿	木
10			福禄寿禧、如意、竹	福禄寿禧	木
11			蝙蝠、松树	双蝠庆寿、福寿绵长	木
12		结子	凤凰牡丹		木
13		垛头（左）	戏文故事（祥云蝙蝠）	张飞击鼓、福从天降	砖
14		垛头（右）	戏文故事（祥云蝙蝠）	马超追曹、福从天降	砖
15		垛头内侧	洋化龙	拐子州龙	砖
16		垛头外侧	回纹、蝙蝠	福从天降	砖
17		须弥座（正面）	回纹、五只蝙蝠（底部：螳螂头）	五福临门、五福献寿	石
18		须弥座（四周）	梅兰竹菊（从东向西）	四君子	石
19	报厦	月梁	凤凰、牡丹、象鼻头	丹凤朝阳、富贵如意	木
20		枋木、斗盘	牡丹、荷花、兰花	清廉、和合、富贵	木
21	大厅墙门	栱翅	卷草、浪花		砖
22		垫栱板	寿、龙头、花篮		砖
23		荷花头	葫芦、洋花		砖
24		上枋	人物故事、回纹锁片	渔樵耕读	砖
25		挂落（上）	梅兰竹菊、缠枝纹、如意钱	四君子	砖
26		大镶边	双八结、回纹、铜钱	财源不断	砖
27		兜肚（东）	人物故事	文王访贤（姜太公钓鱼）	砖
28		兜肚（西）	尧帝访舜		砖

续表

序号	建筑名称	部位	图案构成	名称	种类
29		字镶边	松竹梅、回纹	岁寒三友	砖
30		挂落（下）	蝙蝠、灵芝、竹	幸福如意、节节高	砖
31		下枋	人物故事、玉兰、牡丹、桂花	竹林七贤、玉堂富贵	砖
32	大厅挑头	底、梓檩	荷花、石榴	和合、多子多孙	木
33		明间（东）	戏曲故事	空城计	木
34		明间（西）	戏曲故事	长坂坡	木
35		次间（东）	人物故事	二仙看亭	木
36	大厅轩廊	明间月梁（东）	戏曲故事	回荆州	木
37		明间月梁（西）	戏曲故事	孙夫人回东吴	木
38		次间月梁	放牛、品茶、种花、会友（边纹为兰花）	农家乐	木
39		月梁（底）	八仙器物	暗八仙	木
40		抱梁云	梅兰菊、如意、象鼻	吉祥如意、岁寒三友	木
41		拱翅	洋花		木
42	大厅大梁	大梁（侧面）	荷花、洋花	和合宜家	木
43		大梁（底部）	琴、棋、书、画	四艺	木
44		山界梁	荷花、牡丹、菊花	和合宜家、富贵长寿	木
45		三幅云	仙鹤、如意	长寿如意	木
46		前后步川	灵芝、洋花		木
47		边贴金步川	如意、卷草		木
48		边贴金梁	如意、洋花		木
49		后双步	卷草		木
50		后廊川	荷花		木
51		后左右双步	如意、卷草、竹		木
52		后左右川	如意、洋花		木
53	大厅挂落	挂落	夔龙、回纹、云、凤凰、团福		木
54		鼓墩	八宝	八宝	木
55	大厅栏杆	栏杆	云头、龙、回纹		木
56		栏杆（结子）	蝙蝠、双鱼、荷花、花篮、桃子、石榴、佛手、橘子	合家幸福、长寿如意、子孙万代	木
57	大厅厢房	垛头	回纹、双钱结		砖
58	楼厅（一）墙门	栱翅	荷花、卷草、竹		砖
59		垫栱板	蝙蝠、如意	幸福如意	砖
60		上枋	人物故事、金瓜藤	唐明皇游月宫	砖
61		荷叶头	夔龙、梅花、牡丹		砖
62		挂落（上）	蝙蝠、洋花、铜钱结	福在眼前	砖

续表

序号	建筑名称	部位	图案构成	名称	种类
63		大镶边	回纹、竹叶		砖
64		兜肚（西）	人物故事	八仙祝寿	砖
65		字镶边	回纹、梅兰竹菊	四君子	砖
66		下枋二边	卷草、竹、龙		砖
67	雀宿檐	荷包梁	如意、兰花		木
68		牛腿（正）	人物故事	上八仙	木
69		牛腿（侧面）	人物故事	和合二仙、观音童子、八仙童子	木
70		牛腿	人物故事	下八仙	木
71		栱翅、梓檩机	蝙蝠、牡丹、缠枝		木
72	隔扇	上绦环板	蝙蝠、云头	幸福如意	木
73		中绦环板	人物故事	八仙	木
74		下绦环板	如意、洋花、秋叶		木
75		裙板	山水、戏文故事	不详	木
76		结子（1）中	牡丹、菊花、兰花、四季花		木
77		边	球花、四季、桂花		木
78		（2）中	海棠、球花、牡丹		木
79		边	兰花、球花、桂花		木
80		（3）中	梅花、荷花、牡丹		木
81		边	荷花、海棠、牡丹		木
82		（4）中	海棠、牡丹、水仙		木
83		边	球花、桂花、四季		木
84		（5）中	四季、菊花、海棠、牡丹		木
85		边	兰花、球花、桂花		木
86		（6）中	竹叶、牡丹、水仙		木
87		边	桂花、菊花、海棠		木
88	槛窗	上绦环板	蝙蝠、云头	福运	木
89		下绦环板	童子捕鱼、吹笛、打柴	渔家乐	木
90		结子（1）中	海棠、菊花、梅花、四季		木
91		边	玫瑰、球花、菊花		木
92	栏杆		元宝、回纹、龙头钩		
93		结子（1）上	如意、竹叶	年年如意	木
94		（2）横、竖	佛手、橘子、松、竹、梅、桃子	岁寒三友、长寿如意	木
95	轩廊	荷包梁（东）	戏文故事	校场比武	木
96		荷包梁（底）	琴、棋、书、画	文房四宝	木
97		荷包梁（东边）	人物故事	渔樵耕读	木
98		荷包梁（西边）	人物故事	黄山一梦	木
99		荷包梁	花鸟、象鼻子		木
100		梁垫、枫栱	梅兰竹菊、桃、洋花	四君子	木

续表

序号	建筑名称	部位	图案构成	名称	种类
101	大梁	中间（东西）	凤凰、牡丹	丹凤朝阳	木
102		侧、底部	如意、洋花		木
103		梁垫	牡丹、海棠、茶花、玉兰		木
104	边帖	二界梁	如意、洋花		木
105	后二界	明间	荷花、竹子		木
106		次间	如意、洋花		木
107	报厦	西“月梁”	牡丹、如意、象鼻子	富贵如意	木
108		西下梁	葫芦、如意	福禄长久	木
109		东“月梁”	蝙蝠、桃子、象鼻子	福寿如意	木
110		东下梁	金瓜、如意		木
111	楼层	隔扇（框边）	洋花		木
112		东中绦环板（由南向北）	菊花、菊花、荷花、桂花、海棠、四季、石榴、竹子与梅花	益寿延年、芝兰玉树、一品清廉、春花三杰	木
113		西中绦环板（由南向北）	牡丹、海棠、兰花、菊花、水仙、牡丹、四季、桃子	玉堂富贵	木
114		东“裙板”（由南向北）	兰花与梧桐、牡丹、海棠、牡丹、菊花、四季、竹叶与海棠、牡丹	芝兰玉树	木
115		西“裙板”（由南向北）	四季、竹叶与海棠、四季、石榴、菊花、牡丹、如意兰花	兰桂齐芳	木
116		楼梯栏杆	回龙钩、如意	如意	木
117		扶手（结子）	松、竹、梅	岁寒三友	木
118	楼厅(二)墙门	栱翅	荷叶、荷花		砖
119		上枋	回龙		砖
120		挂落（上、下）	洋花回纹钩		砖
121		垂花柱	龙纹梅花		砖
122		外框	夔龙纹		砖
123		字框	夔龙纹、松树、兰花		砖
124		下枋	八结、夔龙纹	万代盘长	砖
125	楼厅（二）	挑头（侧面）	牡丹、菊花	富贵长寿	木
126		挑头（正面）	卷草花枝		木
127		牛腿	梅花树桩	梅开五福	木
128		荷包梁（中侧）	牡丹		木
129		荷包梁（中底）	海棠、洋花		木
130		大梁（东、西）	琴、棋、书、画	文房四宝	木
131		大梁（底）	海棠、洋花		木
132		荷包梁（边）	牡丹	花开富贵	木
133		楼梯栏杆	牡丹、洋花、如意	富贵如意	木
134	半亭	牛腿	如意、洋花	如意	木
135		挑头、托盘	花瓶、莲花	一品清廉	木

续表

序号	建筑名称	部位	图案构成	名称	种类
136	曲廊	挑头	花瓶	平平安安	木
137	四面厅	老戗	龙头纹、珠子	玉龙吐珠	木
138		嫩戗	蝙蝠结、双钱	福在眼前	木
139		挑头	梅花瓶、八仙器物	平平安安、暗八仙	木
140		牛腿	如意、洋花、四天王	护法天王	木
141		檐枋（南）	人物故事	赌华山	木
142		檐枋（东、西）	琴、棋、书、画	文房四宝	木
143		檐枋（北）	麒麟、犀角、珊瑚等	鹿晗灵芝	木
144		梁垫	扇形花瓶		木
145		上夹堂	蝙蝠、洋花		木
146		窗扇框	镂空洋花		木
147	花厅	挑头（正面）	人物故事	和合二仙	木
148		牛腿	人物故事	福禄寿禧、四仙	木
149		“轩梁”（西）	梅花、喜鹊	喜上眉头	木
150		梁（中）	梅兰竹菊	四君子	木
151		梁（内恻）	双狮、绣球	狮子滚绣球	木
152		梁（底）	福字、云头	福运	木
153		机木	镂空如意、洋花	如意	木
154		“二界梁”	洋花、象鼻子	吉祥	木
155		大梁（东西内侧）	虎鹰双兔、鹿鹤同堂凤凰、牡丹	福禄寿禧、凤戏牡丹	木
156		大梁（机木）	牡丹、洋花、四季、荷花、菊花	和合、富贵、长寿	木
157		飞罩	缠枝葫芦	子孙万代	木
158		栏杆	山峦、树木	山水风景	木
159		栏杆（结子）	蝙蝠、双鱼	吉庆有余	木
160		栏杆（结子）	海棠、牡丹、菊花、芙蓉、梅花、兰花	玉堂富贵	木
161		楼梯（扶手）	花篮头		木
162		挑头	人物故事	赌华山	木
163			人物故事	父子弹琴	木
164			人物故事	双官中元	木
165			人物故事	陆安庆寿	木
166			人物故事	陆圣看书	木
167			人物故事	童子庆喜	木
168	花厅（楼上）	隔扇	竹子、兰花、荷花、水仙、金瓜、海棠		漆
169		牛腿、托盘、挑头（东厢南）	如意、洋花、琴、牡丹、荷花、花瓶		木
170		牛腿、托盘、挑头（东厢北）	如意、洋花、八宝、石榴、荷花、花瓶、聚宝盆、双钱	八宝、聚宝盆、和合	木

续表

序号	建筑名称	部位	图案构成	名称	种类
171		牛腿、托盘、挑头（东厢南）	如意、洋花、扇子、牡丹、荷花、花瓶、如意盒	富贵如意、平安如意	木
172		牛腿、托盘、挑头（西厢北）	如意、洋花、八宝、桃子、荷花、花瓶、书画	和合如意、八宝	木
173		牛腿、托盘、挑头（中间东）	如意、洋花、四宝、双钱、金瓜、荷花、牡丹、花瓶、书画	富贵如意、平安如意	木
174		牛腿、托盘、挑头（中间西）	如意、洋花、核桃、八宝、海棠、荷花、花瓶	和合如意、八宝	木
175		牛腿、托盘、挑头（东间东）	如意、洋花、四宝、石榴、荷花、聚宝盆、香炉摆设	招财进宝、和合如意、多子多孙	木
176		牛腿、托盘、挑头（东间西）	如意、洋花、八宝、金瓜、荷花、花瓶	平安如意、和合如意	木
177		牛腿、托盘、挑头（西间东）	如意、洋花、四宝、核桃、荷花、菊花、花瓶、琴	和合如意、平安长寿	木
178		牛腿、托盘、挑头（西间西）	如意、洋花、葫芦、桃子、荷花、聚宝盆、八宝、书画	聚宝盆、八宝、书香人家	木
179		栏杆（上结）	松鼠、葡萄	松鼠偷葡萄	木
180		栏杆（中结）	蝙蝠、双鱼	吉庆有余	木
181		栏杆（边结）	葡萄、蝙蝠、双钱、花瓶、石榴、佛手、桂圆、桃子、松竹梅	福在眼前、平安如意、岁寒三友、多子多孙	木

附录三

师俭堂残损情况调查表

项目：河埠头、仓库、铺面　　　　建筑面积：601.59m²

序号	名称	轴线位置	单位	数量	残损情况	备注
1	河埠头	A_1、①－⑥	m	20	局部下沉10cm	
2	柱子	A_1–J_1、①－⑥	根	58	柱脚腐朽60%	
3	柱子	E_1、③	根	1	失存，改为砖柱	
4	柱子	④、⑤、E_1、F_1	根	4	腐朽1/4H以上	
5	柱子	B_1、①－⑥	根	6	向北倾斜1%左右	
6	枋子	F_1、①－②、④－⑤	根	3	柱腐朽失去承载力	
7	出檐椽	A_1、①－⑥	根	6	折断	
8	桁条	A_1– J_1、①－⑥	根	78	残损或挠度偏大占70%	
9	梁枋	E_1和F_1、③－④	榀	2	挠度>1%	
10	裙板	A_1、①－⑤	m²	14	失存	底层
11	槛窗	A_1、①－⑤	m²	14	失存	底层
12	窗槛	A_1、①－⑤	m	20	失存	底层
13	槛墙	瞎眼天井	m²	30	失存	底层
14	槛窗	瞎眼天井	m²	65	失存	底层
15	裙板	瞎眼天井	m²	30	损毁80%以上	楼层
16	槛窗	瞎眼天井	m²	37	损毁50%	楼层
17	排门板	J_1、①－⑥	m²	57	失存	
18	软挑头	J_1、①－⑥	只	5	已改装，饰物失存	
19	夹堂板	J_1、①－⑥	m	20	失存	
20	裙板	楼层A_1–J_1、①－⑥	m²	36	残损率50%	
21	槛窗	楼层J_1、①－⑥	m²	36	残损率50%	
22	对子门	②、⑤	樘	16	失存	
23	楼板	①－⑥、A_1–J_1	m²	270	残损率90%以上	
24	隔板	②、B_1–D_1、G_1–J_1	m²	12	失存	
25	隔板	B_1–D_1、④、G_1–J_1	m²	15	残损率50%	
26	楼梯	①－⑥	座	1	改为钢筋混凝土楼梯	
27	地面	①－⑥、A_1–J_1	m²	270	改为混凝土，填高15cm	
28	内隔墙	底层②	m²	40	残损50%有通缝、倾斜	
29	屋面	①－⑥、A_1–J_1	m²	380	残损率40%	
30	屋脊	①－⑥、C_1、H_1	m	40	残损、屋脊头失存	

师俭堂残损情况调查表

项目：门厅、铺面　　　　建筑面积：332.66m^2

序号	名称	轴线位置	单位	数量	残损情况	备注
1	宝塔街	①－⑥、J_1－ A_2	m^2	56	改为混凝土路面	
2	拱券门	①、J_1－ A_2	m^2	22	坍塌	
3	砖墀头	③和④、A_2	只	2	雕刻部分残损	
4	墙垛头	①和⑥、A_2	只	2	残损严重	
5	大门	③－④、A_2	扇	6	局部残损	
6	门槛	③－④、A_2	m	4	被锯断	
7	月梁	③－④、A_2	根	4	雕刻部分模糊不清	
8	和合窗	③－④、A_2	m^2	5	残损率 80%	
9	排门板	①－③、④－⑥、A_2	m^2	43	改为现代落地玻璃门	
10	柱子	①－⑥、A_2－ F_2	根	34	根部腐朽高 15cm 占 50%	
11	柱子	①－⑤、E_2	根	5	腐朽 1/4 H以上	
12	枋子	①－③、④－⑥、E_2	根	4	榫头部位腐朽	
13	桁条	①－⑥、A_2－ F_2	根	39	5 根折断、其余残损	
14	楼梯	①－②、D_2－E_2	座	1	失存	
15	楼梯	⑤－⑥、D_2－E_2	座	1	挠裂、残损	
16	隔板	①－③、④－⑥、C_2－D_2	m^2	54	失存	（底）
17	楼板	①－⑥、A_2－ E_2	m^2	130	残损率 70% 以上	
18	隔板	②－⑤、A_2－ E_2	m^2	40	失存	（楼）
19	屋面	①－⑥、A_2－ E_2	m^2	198	局部渗漏，屋脊失存	

师俭堂残损情况调查表

项目：大厅　　　　建筑面积：332.66m^2

序号	名称	轴线位置	单位	数量	残损情况	备注
1	匾额	③－④、E_3	块	2	失存	
2	西厢房	①－②、A_3－ F_3	m^2	27	地面以上部分失存	
3	栏板	⑤、F_2－ A_3	m^2	8	失存 50%，残损 25%	
4	和合窗	⑤、F_2－ A_3	m^2	15	失存 50%，残损 25%	
5	雀宿檐	②－⑤、A_3	m	12	雕刻有残损	
6	对子门	①－⑥、F_2－ H_3	樘	10	失存	
7	槛窗	①－②、⑤－⑥、A_3－ B_3	m^2	12	失存	
8	窗芯	②、⑤、A_3－B_3	个	2	失存	

续表

序号	名称	轴线位置	单位	数量	残损情况	备注
9	砖墙裙	②、⑤、B_3–F_3	m^2	13	残损40%	
10	砖线条	②、⑤、B_3–F_3	m	20	残损	
11	木屏门	②－⑤、F_3	m^2	48	失存	
12	木隔断	①－②、⑤－⑥、E_3–F_3	m^2	10	失存	
13	槛窗	①－③、G_3–H_3	扇	19	失存	
14	槛窗	③、G_3–H_3	扇	4	残损	
15	横风窗	③、G_3–H_3	m^2	6	失存	
16	砖地穴	②、⑤、G_3–H_3	座	2	失存或局部残损	
17	槛窗	④－⑥、G_3	扇	10	残损	
18	石库门	⑤－⑥、G_3–H_3	樘	2	失存	
19	藻井	③－④、G_3–H_3	m^2	12	失存	
20	砖墙门	③－④、F_2、H_3	座	2	额枋以上部分残损严重	
21	木地板	①－②、B_3–F_3	m^2	28	失存	
22	木地板	⑤－⑥、B_3–F_3	m^2	28	局部残损	
23	楼板	①－②、⑤－⑥、B_3–F_3	m^2	57	失去承载力，搁栅劈裂	
24	地面	①－⑥、F_2–H_3	m^2	155	改为混凝土楼板	
25	梁垫	③、④、B_3–F_3	只	6	失存	
26	花机	②、⑤、B_3–F_3	只	8	失存	
27	对子门	②、⑤、A_3	m^2	3.4	失存	
28	槛窗	①－②、⑤－⑥、B_3	m^2	3	局部残损、变形	楼层
29	柱子	①、⑥、F_2– H_3	根	16	腐朽20cm左右	
30	柱子	③、④、A_3–H_3	根	8	有10cm轻度腐朽	
31	柱子	③－⑤、C_3–H_3	根	4	失去承载力	
32	楼梯	①－②、⑤－⑥、E_3–F_3	座	2	局部残损	
33	屋面	①－⑥、F_2– H_3	m^2	340	渗漏，屋脊残损严重	

师俭堂残损情况调查表

项目：楼厅 （一）　　　　建筑面积：721.48m^2

序号	名称	轴线位置	单位	数量	残损情况	备注
1	匾额	③－④、F_4	块	1	失存	
2	封火墙	①－⑥、A_4	m^2	22.5	局部残损	
3	天井	②－⑤、A_4–C_4	m^2	80	凹凸不平	
4	裙板	⑤－⑥、A_4–C_4	m^2	4.5	失存	
5	和合窗	⑤－⑥、A_4–C_4	扇	6	失存	
6	裙板	①－②、A_4–C_4	m^2	9	失存	
7	和合窗	①－②、A_4–C_4	扇	15	失存	
8	隔扇	①－②、C_4	扇	2	失存	

续表

序号	名称	轴线位置	单位	数量	残损情况	备注
9	对子门	①－②、⑤－⑥、C_4	樘	2	失存	
10	裙板	②－③、C_4	m^2	5.7	失存	
11	槛窗	②－③、C_4	扇	6	失存	
12	檐枋	④－⑤、C_4	根	3	失去承载力	
13	檐枋	④－⑤、C_4	根	1	失去承载力	
14	砖细	②、⑤、D_4–F_4	m^2	2	局部残损	
15	内隔扇	①－②、⑤－⑥、D_4	扇	12	失存	
16	屏门	②－⑤、F_4	扇	18	失存	
17	内隔板	①－②、⑤－⑥、F_4	m^2	24.5	失存	
18	西墙门	①、A_4–B_4	m^2	2.7	楹子磨损	
19	东墙门	⑥、G_4–H_4	m^2	2.5	楹子磨损，腐朽10cm	
20	南墙门	①－②、⑤－⑥、A_4	扇	2	失存	
21	北墙门	③－④、F_4	m^2	3.3	楹子磨损	
22	过樘门	②、⑤、C_4–E_4	樘	2	失存	
23	东楼梯	④－⑤、F_4–G_4	座	1	失存（栏杆、楼梯门）	
24	屏门	⑤、F_4–G_4	扇	4	失存	
25	槛窗	①－③、④－⑥、G_4，③、④、⑤、F_4–G_4	扇	36	失存	
26	内墙门	①－②、⑤－⑥、H_4	扇	4	失存	
27	木地板	①－②、⑤－⑥、D_4–F_4	m^2	65	失存、改为混凝土地面	
28	地面	①－⑥、A_4–H_4	m^2	120	方砖部分失存	
29	挑檐	②、⑤、C_4	m^2	25	屋面局部坍塌	
30	槛窗	②、⑤、A_4– C_4、②－⑤、C_4	m^2	44	局部残损	
31	槛窗	①、③、④、⑤、G_4–H_4	m^2	28	局部残损	楼上
32	裙板	①－⑥、A_4 –H_4	m^2	31.4	局部残损	楼上
33	隔断门	②、③、④、⑤、F_4–G_4	m^2	16	局部残损、失存	
34	楼板	①－⑥、A_4 –H_4	m^2	75	残损	
35	屋面	①－⑥、A_4 –H_4	m^2	340	局部渗漏，屋脊失存	
36	隔扇	①－⑥、A_4–H_4	m^2	150	木雕被凿掉，门楹损坏	
37	封火墙	①、⑥、A_4–H_4	m	36	失存	
38	隔墙	①－⑥、H_4	m	16	6m以上残损严重	

师俭堂残损情况调查表

项目：楼厅（二）　　建筑面积：667.48m²

序号	名称	轴线位置	单位	数量	残损情况	备注
1	匾额	③－④、F_5	块	1	失存	
2	砖墙门	③－④、A_5	座	1	屋面失存，构件残损	
3	天井	②－⑤、A_5–C_5	m²	25	混凝土地面局部有裂缝	
4	隔扇	③、④、C_5–G_5	扇	2	失存	
5	芯仔	③、④、C_5–G_5	块	6	失存（被盗窃）	隔扇
6	屏门	③－④、G_5、F_5	扇	8	失存	
7	屏门	②、⑤、F_5–G_5	扇	8	失存	
8	木隔断	①－②、F_5	m²	10.4	失存	
9	裙板	②、⑤、A_5–C_5	m²	5.0	局部残损	
10	槛窗	②－⑤、A_5– G_5	扇	16	失存	
11	墙门	⑥、G_5– H_5	扇	2	失存	
12	墙门	⑤－⑥、G_5	m²	2.45	门槛蚀损，拼缝开裂	
13	更楼	⑤－⑥、G_5– H_5		7	地面以上部分失存	
14	地面	①－④、C_5– F_5、F_5–G_5	m²	52	局部残损、17m² 失存	
15	木地板	①－③、④－⑥、C_5–F_5	m²	107	局部残损严重	
16	楼梯	③－④、G_5– H_5	座	1	踏步板严重磨损	
17	隔断	④－⑥、E_5– F_5	m²	24	从 F_5 轴移至 E_5 轴	
18	隔断	④－⑥、F_5	m²	17	失存	楼上
19	裙板	①－⑤、F_5	m²	9	局部残损	楼上
20	裙板	③、④、G_5– H_5	m²	4	残损 50%	楼上
21	裙板	②、A_5–B_5	m²	4	残损 20%	楼上
22	槛窗	②、A_5–B_5	扇	2	失存	楼上
23	望板	①－⑥、A_5– H_5	m²	325	朽烂、腐蚀严重	楼上
24	屋面	①－⑥、A_5– H_5	m²	325	局部残损，脊饰失存	楼上
25	封火墙	①、⑥、A_5– H_5	m	36	失存	楼上

师俭堂残损情况调查表

项目：花园　　建筑面积 301.93m²

序号	名称	轴线位置	单位	数量	残损情况	备注
1	天井	花园地面	m²	60	硗裂，局部凹陷	
2	隔扇	②－③、A	扇	6	失存	
3	栏杆	③⑥、A–B、②–④、⑤－⑥、B	m²	11	局部残损	

续表

序号	名称	轴线位置	单位	数量	残损情况	备注
4	裙板	③⑥、A—B、 ②－⑥、B	m^2	11	槽朽严重	
5	对子门	①－②、⑥－⑦、B	樘	2	失存	
6	过樘门	A	樘	2	失存	
7	过道门		樘	2	失存、残损各1樘	
8	园墙门		m^2	2	失存	
9	河桥门		樘	1	失存	
10	屏门	⑤、E—F	m^2	3.2	失存	
11	窗	②、F—G	m^2	4	失存	
12	飞罩	④－⑤、E	m^2	2.7	局部失存	
13	地面		m^2	108	方砖残损50%	
14	裙板	③、⑥、A—B、 ④－⑥、B	m	13.5	槽朽	楼上
15	挑头	③、B	只	1	失去承载力	楼上
16	栏杆	③、⑥、A—B、 ④－⑥、B	m^2	13.5	局部残损变形	楼上
17	隔扇	③、⑥、A—B、 ④－⑥、B	m^2	31	榫头部位残损变形	楼上
18	挂落	⑥－⑦、B	m	1.13	失存	楼上
19	隔断	③、C－ E、 ①－②、B	m^2	18.8	失存	楼上
20	落地罩	①－②、E	m^2	4.6	失存	楼上
21	饰板	③－④、 F（屏门后）	m^2	1.2	失存	大理石
22	窗	③－④、F	m^2	1.75	失存	
23	墙体	②－④、F	m^2	45	倾斜有裂缝	
24	楼板	①－②、A—G	m^2	2	局部残损	
25	梓桁	③－⑥、B	m	13.5	挠度>1%	
26	椽木	①－⑦、A—G	m^2	140	槽朽80%	
27	望板	①－⑦、A—G	m^2	140	槽朽80%	
28	屋面	①－⑦、A—G	m^2	140	渗漏，屋脊失存	
29	楼梯	⑤－⑥、E—F	座	1	局部磨损	
30	梅花亭		座	1	地面以上部分失存	
31	假山		座	1	假山局部坍塌	
32	半亭		座	1	屋面坍塌	
33	藜光阁		座	1	地面以上部分失存	
34	曲廊		m^2	18	40%失存，60%残损	
35	隔扇		m^2	48	失存、残损	四面厅
36	屋面		m^2	38	残损，屋脊折断	四面厅
37	垂花篮		只	4	失存	四面厅
38	地面		m^2	14	残损，台阶失存	四面厅
39	月洞门		只	1	砖额失存	
40	隔墙		m	11.5	花窗、瓦脊失存	

师俭堂残损情况调查表

项目：辅助房及围墙　　　　建筑面积:458.04m ²

序号	名称	轴线位置	单位	数量	残损情况	备注
1	裙板	东厢	m²	4.5	失存	
2	和合窗	东厢	扇	6	失存	
3	裙板	西厢	m²	9	失存	
4	和合窗	西厢	m²	12	失存	
5	隔扇	内天井①－②、A	扇	2	失存	
6	过道门	①－②、⑤－⑥、A	樘	2	失存	
7	裙板	②－③、④－⑤、A	m²	5.7	失存	
8	槛窗	②－③、④－⑤、A	m²	9.5	失存	
9	檐枋	正面，东、西厢	根	4	失去承载力	
10	砖细	厢房南墙	m²	2	缺损50%	
11	屏窗	①－②、⑤－⑥、B	扇	12	失存	
12	屏门	②－⑤、D	扇	18	失存	
13	隔板	①－②、⑤－⑥、D	m²	24.5	失存	
14	西墙门	①、A－B	m²	2.7	门槛磨损	
15	隔扇	西走廊	m²	4.7	失存	
16	槛窗	厨房	m²	6.5	失存	
17	槛窗	厨房	m²	8.4	破损30%	
18	隔扇	厨房	m²	9.5	失存	
19	槛窗	柴房	m²	15	失存	
20	槛窗	柴房	m²	4.7	局部残损	
21	过道门	柴房	m²	8.4	失存	
22	单门	杂房	m²	2.1	破损	
23	双门	杂房	m²	2.8	失存	
24	槛窗	杂房	m²	3.5	破损	
25	槛窗	下房	m²	19.2	失存	
26	隔扇	下房	m²	9.6	失存	
27	地面	厨房、下房	m²	129.7	改为混凝土地面	
28	地面	走廊	m²	14.7	失存、残损50%	
29	地面	柴房及杂房	m²	57	改为混凝土地面	
30	天井	柴房前	m²	31	改为混凝土地面	
31	天井	杂房前	m²	30	改为混凝土地面	
32	屋面	厨房、柴房、杂房	m²	282	渗漏残损严重	
33	对子门	沿街	m²	4.2	磨损严重	
34	石库门	走廊内	m²	3	失存	
35	埠门		m²	4.5	失存	
36	围墙		m²	510	倾斜1.5%～3%属危险状	0.35m

附录四

师俭堂修缮工程资金使用情况汇总表

序号	项目	数量	单位	金额（元）	备注
	（一）前期准备				
1	居民户搬迁	33	户	3836250.00	
2	私房户货币置换	4	户	222851.83	
3	土地划拨	5333.6	亩	400000.00	安置房
4	烟酒糖商店搬迁	1	家	47628.00	
5	测绘、修缮方案制作等	3	份	248000.00	
6	晒图费	1	项	2881.70	
	分项小计			4757611.53	
	（二）修缮工程				
7	驳岸整修	6	座	27390.00	
8	门楼等木结构雕刻费	1	项	23792.00	
9	木材	350	m^3	382416.20	
10	铁配件	1	项	7410.70	
11	五金电料	1	项	37024.78	
12	铜配件	1	项	21500.00	
13	旧门窗	18	扇	3120.00	
14	砖瓦	1	项	283799.00	
15	檩条、椽木等	1	项	47763.00	
16	香樟木	1	项	2062.00	
17	胶水、墨汁等	1	项	3084.00	
18	鹅卵石	1	项	1200.00	
19	毛竹	1	项	4820.00	
20	水泥、砂石、灰浆等	1	项	107308.00	
21	冲木料	1	项	17110.00	
22	玻璃	1	项	9900.00	
23	防水卷材	3300.00	m^2	46674.34	
24	油漆	1	项	531239.35	
25	上下力费	1	项	11752.50	
26	人工费	1	项	1016648.05	水、木作工程
27	管理人员工资	1	项	70490.00	
	分项小计			2656503.92	
	（三）辅助设施				
28	给排水制作、安装	1	套	29458.87	
29	消防设备制作、安装	1	套	94335.14	
30	照明安装	1	套	13821.81	
	分项小计			137615.82	

续表

序号	项目	数量	单位	金额（元）	备注
	(四)陈列布置				
31	家具制作费	1	项	305352.04	
32	红木家具	1	项	824826.00	
33	版面陈列	1	项	80000.00	
34	宫灯	1	项	49684.00	
35	竹帘	1	项	2568.54	
36	花卉盆景	1	项	15450.00	
	分项小计			1277880.58	
	（五）其他费用				
37	管理费	1	项	145000.00	
38	办公设施	1	项	7460.00	
39	门票、宣传画册	1	项	10300.00	
	分项小计			162760.00	
	合计			8992374.85	
	大写：捌佰玖拾玖万贰仟叁佰柒拾肆元捌角伍分				

附录五
江苏省文化厅文物局有关批复文件

一、江苏省文化厅苏文物（2001）107号文：

《关于对“师俭堂一期修缮方案”的批复》

苏州市文化局：

你局转报的吴江文化局吴文[2001]046号“关于送审师俭堂一期修缮方案的报告”收悉，经研究，并组织专家进行论证，批复如下：

（1）师俭堂是我省重要的省级文物保护单位，因而在文物建筑的维修过程中，应严格遵循“不改变原状”的原则。

（2）原则同意本维修方案，但应作进一步细化，即补充总平面图，标出保护范围，并在平面图上划分一、二期工程，一次规划分期实施。

（3）大、小木作的构件的做法，应考虑自身的特色，做到有依据维修。应尽量多地保留原有构件，替换构件尽可能使用与原建筑相同的材料。

（4）在施工图中补充必要的大样图以及工程的具体做法，以便审核施工预算。

（5）具体施工图方案的局部调整，由你局审核同意后实施，并请加强对该维修工程的监督、管理。

二、江苏省文化厅苏文物（2002）82号文：

《关于对“师俭堂二期修缮方案”的批复》

苏州市文化局：

你局转报的吴江文化局吴文[2002]第7号“关于送审师俭堂二期修缮方案的报告”收悉，经研究，并征求有关专家意见，批复如下：

（1）师俭堂是我省重要的省级文物保护单位，因而在文物建筑的维修过程中，应严格遵循“不改变原状”的原则。

（2）同意师俭堂二期工程修缮方案，该方案是详细、准确的，能较好地贯彻我厅对第一期方案的批复精神。

（3）各构件位置、样式复原要有依据，没有依据的可暂时搁置。替换构件尽可能使用与原建筑相同的材料，但在用漆处理上应做到“新旧”有区别。

(4) 施工中，一定要保证工程质量。同时要注意文物建筑和人员的安全，切忌急赶工期。

(5) 具体方案的局部调整，由你局审核同意后实施，并请你局加强对工程的监督管理。

三、苏文物保［2005］76号文：

《关于对吴江师俭堂第一、二期修缮工程的验收意见》

吴江市文广局：

根据你局《关于对吴江师俭堂第一、二期修缮工程竣工验收的请示》(吴文广物［2005］53号）的要求，我局已于6月24日组成验收专家组对工程进行了竣工验收。验收意见如下：

一、师俭堂第一、二期修缮工程符合《文物保护法》的要求和省文化厅的批复精神，维修程序规范，维修主导思想体现了“不改变文物原状”的原则，同时又展现了“可识别”的特点，工程维修质量达到优良等级。

二、师俭堂是一组典型的且保存较为完整的清末江南商贾住宅建筑群，必须对本次修缮的经验予以总结，并作为竣工报告的组成部分。

三、你市要对在师俭堂第一、二期修缮工程顺利完成的基础上，加快对宝塔街沿河风貌协调区的规划整治工作，以进一步提升震泽镇作为省级历史文化名镇的历史内涵。

后 记

初识师俭堂，在《老房子》一书中，因为“老房子是江南人民的生活史，生活的场所，生活的痕迹，生活的壳”，书中关于师俭堂的图片收录有5幅之多。由此可见，当时名不见经传的师俭堂在《老房子》作者心里的分量。再识师俭堂，已是1996年为师俭堂建立记录档案时，当时，我们现场测绘14天，后期绘图120天。在中轴线的剖面图绘制完成时，我们为师俭堂的精美感到震惊！于是就有了以后多次向有关方面呼吁师俭堂保护问题的缘起。也许，师俭堂的精美感动了见到它的人们，于是就有了师俭堂挥去蒙尘的机缘，于是就有了上至省计委、省文化厅，下至市建设局、文化广播电视管理局、当地政府通力合作修缮师俭堂的感动。2002年12月30日，接到省文化厅课题已获准立项的通知时，我们感到任务艰巨恐怕完不成任务。2006年初，当课题的研究进入关键阶段，又遇到一些意想不到的困难和压力。我们抱着专心致志地做事是解压最好的良药的态度艰难前行。

省文化厅文物科研课题审定专家组和刘谨胜处长在课题立项上给予我们很大的支持！苏州市文物局陈嵘副局长、尹占群处长把修缮工程作为一个科研项目来做的指示，为课题申报成功提供了前提条件，在此深表谢意！

吴江市副市长张克明先生、政协副主席姚海兴先生始终关心着课题的进展，张克明先生指导我们从社会学的角度分析师俭堂与建筑环境的互动关系，使我们的思路得到拓展，在此深表谢意！

修缮师俭堂过程中，投资、建设单位的领导陈振林、盛红明、徐雪昆、陆志泉、汤健康先生，薛治华女士给予我们充分的支持。蒋鉴清、潘云龙、朱兴男先生在施工期间配合我们做了大量的工作，在此深表谢意！

本书的撰写过程中，我们吸取与参考了前辈与同行们的论文、书籍中的一些成果。在雕刻寓意、背景材料方面，吴国良、李廉深、徐谋忠先生给予我们无私的帮助。在文史方面，沈昌华、沈春荣、俞前先生给予我们很多帮助，在此深表谢意！

中国文物研究所崔勇研究员、南京大学周学鹰教授、省文物局束有春研究员，在百忙之中抽时间帮助审阅、梳理文稿，并提出修改意见，在此深表谢意！

特别感谢恩师戚德耀先生，正是在他多次督促、指导下，才使我们的研究能以科学的态度对待师俭堂每一处新的发现，探究其本质的内涵。

在资金资助单位江苏省文化厅、吴江市科技局，课题承担单位吴江市文化广播电视管理局，震泽镇人民政府的支持下，迄今三载余，终于完成课题的研究工作。由于内容繁多、时间紧迫，加上我们事学不精，水平不济，书中不当之处肯定很多，恳请专家、学者及读者们，多多批评指正！

作者识于吴江

2006年10月

参考文献

[1] 宋·端平元年（1234）．李心传．南林报国寺记

[2] 盛红明主编．江苏历史文化名镇——震泽．南京：江苏古籍出版社，2002．14

[3] 上海同济城市规划设计研究院、震泽镇人民政府．震泽镇城市总体规划说明书．2002．35

[4] 龚希髯手稿．震泽镇志续稿．131～132

[5] http://ent．zjol．com．cn/gb/node2/node87411/node113241/user…嵇发根．“湖商”源流考．4

[6] http://ent．zjol．com．cn/gb/node2/node87411/node113241/user…嵇发根．“湖商”源流考．7

[7] 段进，季松，王海宁著．城镇空间解析——太湖流域古镇空间结构与形态．北京：中国建筑工业出版社，2002．91

[8] 中国建筑技术发展中心建筑历史研究所．浙江民居．北京：中国建筑工业出版社，1984．100

[9] 段进，季松，王海宁著．城镇空间解析——太湖流域古镇空间结构与形态．北京：中国建筑工业出版社，2002．89

[10] 徐民苏，詹永伟，梁支厦，任华堃，邵庆编．苏州民居．北京：中国建筑工业出版社，1991．59

[11] 段进，季松，王海宁著．城镇空间解析——太湖流域古镇空间结构与形态．北京：中国建筑工业出版社，2002．40

[12]、[13] 中国建筑技术发展中心建筑历史研究所．浙江民居．北京：中国建筑工业出版社，1984．93，169

[14] 陈丛周主编，邹宫伍，路秉杰副主编．中国厅堂．上海：上海画报出版社，1994．15

[15]、[16] 陈丛周著，陈健行摄影．说园．山东画报出版社．上海：同济大学出版社，2002．50～51

[17] 中国建筑技术发展中心建筑历史研究所．浙江民居．北京：中国建筑工业出版社，1984．94

[18] 中国建筑技术发展中心建筑历史研究所．浙江民居．北京：中国建筑工业出版社，1984．178

[19] 姚承祖原著，张至刚增编，刘敦桢校阅．营造法源．北京：中国建筑工业出版社，1986．12

[20] 徐民苏，詹永伟，梁支厦，任华堃，邵庆编．苏州民居．北京：中国建筑工业出版社，1991．102

[21] 中国建筑设计院建筑历史研究所，孙大章著．中国民居研究．北京：中国建筑工业出版社，2004．319

[22] 徐民苏，詹永伟，梁支厦，任华堃，邵庆编．苏州民居．北京：中国建筑工业出版社，1991．93

[23] 周君言著．明清民居木雕精粹．上海：上海古籍出版社，1998．16

[24] 吴江市太湖旅游文化研究会，吴国良主编．吴江雕刻．上海：上海科学技术出版社，2005．149

[25] 中国建筑技术发展中心建筑历史研究所．浙江民居．北京：中国建筑工业出版社，1984．185

[26] 徐民苏，詹永伟，梁支厦，任华堃，邵庆编．苏州民居．北京：中国建筑工业出版社，1991．114

[27] 刘敦桢主编．中国古代建筑史．北京：中国建筑工业出版社，1981．10

[28] 潘谷西主编．中国古代建筑史（元、明建筑）．第四卷．北京：中国建筑工业出版社，2001．3

[29] 潘谷西编著．江南理景艺术．南京：东南大学出版社，2001．4

[30] 苏州市房产管理局编著．苏州古民居．上海：同济大学出版社，2004．1

[31] [明]计成原著．陈植注释．杨伯超校订．陈丛周校阅．园冶注释．北京：中国建筑工业出版社，1999．7

[32] 陆元鼎，潘安著．中国传统民居营造与技术——’2001海峡两岸传统民居营造与技术学术研讨会论文集．广州：华南理工大学出版社，2002．11

[33] 张复合主编．中国近代建筑研究与保护（三）——2002年中国近代建筑史国际研讨会论文集．北京：清华大学出版社，2003．10

[34] 吴江地方志编纂委员会．吴江县志．南京：江苏省科学技术出版社，1994．7

[35] 朱宇晖著．江南名园指南（上、下）．上海：上海科学技术出版社，2002．1

[36] 中国民族建筑研究会主编．中国民族建筑论文集．北京：中国建筑工业出版社，2004．6
[37] 陈从周编著．苏州旧住宅．上海：上海三联书店，2003．1
[38] 傅熹年著．中国古代建筑十论．上海：复旦大学出版社，2004．5
[39] 侯幼彬著．中国建筑美学．哈尔滨：黑龙江科学技术出版社，1997．9
[40] 老房子——江南水乡民居．南京：江苏美术出版社 1993．7
[41] 华德韩著．中国东阳木雕．杭州：浙江摄影出版社，2002．7
[42] 陈从周主编，邹宫伍，路秉杰副主编．中国厅堂．上海：上海画报出版社．1994．7
[43] 刘敦桢著．苏州古典园林．北京：中国建筑工业出版社，1979．10
[44] 宁波市政协文史委编．宁波帮研究．北京：中国文史出版社，2004．12
[45] 无锡园林局．第13届中国民居学术会议暨无锡传统建筑发展国际学术研讨会论文集
[46] 江苏省文化厅．江苏省文物保护单位记录档案——师俭堂．江苏省文化厅制，1997．4
[47] 嵇发根．“湖商”源流考——兼论“湖商”的地域特征与士商现象
[48] 常熟市古典园林建筑工程公司．吴江震译慈云寺塔环境整治工程竣工报告，2005．1